# LES

# LOUPS CERVIERS



PAR

## le Baron de Lamothe-Langon.

I

PARIS

OLLIVIER, LIBRAIRE-ÉDITEUR

1839.

LES

# LOUPS - CERVIERS.

# LES
# LOUPS-CERVIERS

PAR

Le Baron de Lamothe-Langon.

## I

PARIS,

*OLLIVIER, LIBRAIRE-ÉDITEUR,*

33, rue St.-André-des-Arts.

1839

# I

Une loge aux Français.

Les hommes changent de nom et
pas de caractère : on les retrouve
toujours avec les mêmes passions.

— *Recueil de Maximes.* —

Il y avait foule à la Comédie-Française
et foule de bon aloi ; chacun avait payé
aux bureaux la place patiemment atten-
due et disputée non moins vivement, ce
qui fesait assez connaître qu'une œuvre
romantique n'allait pas être jouée, et que

c'était une de ces soirées charmantes dont Molière avec *Le Misanthrope*, et mademoiselle Mars avec son talent divin, fesaient tous les frais.

Le cahos des voitures avait eu lieu dans la rue Richelieu, et embarras et mêlée sous le vestibule. Le quart de six heures sonnait à peine et la salle était remplie, les loges déjà ouvertes, comme si les possesseurs eussent craint que l'enthousiasme du public ne fît partout irruption de vive force, et comme si la vue de mademoiselle Mars et l'assistance à son triomphe fut un droit devant lequel tout autre devait fléchir.

Ce n'était pas un jour des bouffes, et les habitués du théâtre Italien se revoyaient ici en masse; on se saluait du balcon à l'orchestre et des loges entre elles. La salle, tout en prenant un air de fête avait néanmoins l'apparence d'un cercle intime. Car, à Paris même, la bonne compagnie est une, et tel, qui n'en a jamais fait partie, n'en connait pas moins les sommités qui la composent.

Dans une des loges de l'avant-scène et du côté jadis appelé celui du roi (la gauche du spectateur, l'autre portait le nom de la reine) il y avait une famille entière; le père, riche banquier de la Chaussée-d'Antin, M. Dutilloy; la mère, en son nom de Vorène, petite-fille d'un secrétaire-du-roi de la ville de Périgueux, et en raison de cette noblesse *née* le portant haut et s'estimant beaucoup; le fils, Amanieu Dutilloy, gants blancs, jeune france, héros du mouvement, que l'on avait vu pendant quinze semaines décoré de la croix de Juillet, mais dont le hochet et le ruban ayant disparu ensuite avaient fait place à un moiré noir attaché par une boucle d'or (1);

(1) Le cordon du prétendu Ordre du Saint-Sépulcre, porté si plaisamment à Paris par des dupes qui l'ont payé cher et par des fripons qui se font payer pour le vendre à d'autres. Les petites gens à grande importance sont toujours marqués du ruban de l'ordre prétendu du Saint-Sépulcre, qu'on n'obtient qu'à Jérusalem.

de la fille Tècle, enfin nouvellement sortie du Sacré-Cœur, où la haute fortune de son père lui avait fait avoir accès, sans pour cela la mettre à couvert du dédain de ses fières compagnes.

A part ces quatre personnes, il y avait encore dans la loge un individu long, sec, pâle, maigre, le tome second du grand bailly de Ferrette (1), véritable momie agissante et parlante, frère d'ailleurs de madame Dutilloy et promu par elle au grade de commandeur de Malte, bien que le pauvre homme n'eût jamais été que chevalier de grâce dans l'ordre vénérable de Saint-Jean de Jérusalem. Auprès de lui, et en parfait contraste, on aurait aperçu, s'il ne se fut tenu constamment en arrière, un homme de petite taille et d'obésité remarquable, son abdomen ambitieux se refusait à se renfermer dans la veste ou le vêtement nécessaire; le

(1) Ancien ambassadeur de Malte à Paris, il vivait encore au temps du consulat, sa maigreur le rendit célèbre.

visage vraie lune-pleine était vivement coloré et luisant; des yeux petits, mais vifs et perçans, une bouche taillée pour le sourire sardonique, un nez effilé et pointu, des cheveux soigneusement poudrés à blanc achevaient de composer un ensemble peu ordinaire, et une affectation remarquable de suivre les modes modernes, inspirait généralement, à la première vue de monsieur Loyset, une forte envie de rire; le second regard lui devenait moins défavorable, et les personnes de sens se surprenaient à s'entre-demander si, sous cette enveloppe grotesque, il n'y aurait pas de l'esprit, de la finesse et peut-être de l'astuce cachés.

Certes, et sans avoir besoin d'un examen approfondi, on n'eut pas tenu le même propos au sujet du commandeur de Vorène, frère de la banquière Dutilloy. Celui-là portait sur sa physionomie, en traits indélébiles, la sottise et la stupidité; hobereau campagnard enlevé depuis dix ans à son castel tombant en ruine, pour flanquer dans un salon somptueux l'orgueil extravagant de madame Dutilloy, il possédait ces défauts, ces vices, ces ridicules qu'autrefois on trouvait chez certains annoblis du temps et dont aujourd'hui l'ignorante littérature de l'époque affuble nos anciens seigneurs, tous si gracieux, si brillans. *Le Maltais,* ( pour employer l'expression familière de sa sœur ) avait troqué son indépendance et ses quinze-cent francs de rente contre un appartement meublé à l'antique dans les mansardes de l'hôtel Dutilloy ; là, mal servi tour à tour par les nombreux domestiques de son beau-frère ; il échangeait aussi pour un dîner, où il était traité en parasite, pour un habit neuf par an et six-cent francs de cadeau au premier de l'an, son titre pompeux de commandeur, et ajoutait de son illustration héraldique à celle que procurait, à la Bourse, le cinq et le trois joué à son superbe beau-frère.

Madame Dutilloy parlait beaucoup et trop de sa naissance , de ses parens , des

Talleyrand, des Taillefer, des Hautefort,
des Rastignac, des Saint-Aulaires, et on
remarquait qu'aucun des membres de ces
grandes maisons ne fréquentait la sienne,
et que jamais sa bouche n'avait rien laissé
échapper touchant l'origine de son époux.

Nul doute que dans l'antiquité on n'eut
fait du banquier le fils d'un Dieu, par la
même raison qui, dans des temps modernes, permettait aux railleurs de prétendre qu'ils ne l'étaient de personne, ou
plutôt de tous; que dans l'embarras du
choix, sa mère, en femme prudente, s'en
était tu. — Au reste, l'absence d'un père
n'avait pas nui au banquier, puisqu'il était
parvenu à amasser une fortune immense :
long-temps dissimulée, elle éclata un jour,
à l'époque où, au désir d'amasser se joignit
celui non moins impérieux de l'ambition.
D'ailleurs les plaisanteries, les mensonges
n'avaient pas éclairci la nuit de sa naissance, qui demeurait encore cachée à tous.

Peut-être serait-ce le moment d'esquis-
ser les portraits de ces divers personnages,

Je le retarde d'autant plus, qu'eux-même,
impatiens d'entrer en scène, ont pris la
parole, et qu'en historien fidèle je dois
rapporter leurs propos.

— Commandeur, dit madame Dutilloy, n'est-ce pas là, dans cette loge en
face, votre ancien camarade et collègue,
le prince Galitzin.

— Où donc ?

— Là, contre la colonne opposée, sui-
vez mon éventail.

Tandis que le Maltais dirigeait une
manière de télescope, dont il faisait une
lunette d'opéra, M. Loyset, employant
mieux ses yeux de lynx, examina rapidement le personnage désigné avec tant d'é-
clat, et donnant à sa figure une expression
maligne.

— Ah ! madame, que le courtier mar-
ron Depresson serait flatté du titre dont
vous parez sa personne.

— Serait-ce donc cette espèce, répliqua la dame, en agitant son éventail
avec dépit ; puis poursuivant.

— Tècle, saluez donc, saluez donc....
Quoi, ne voyez-vous pas votre amie de
couvent, madame la duchesse de Valbreuse qui vous fait signe ; avancez votre
corps, il est bon que dans la salle on s'a-
perçoive.. Ah! mon Dieu, ajouta-t-elle avec
impatience, que vois-je dans cette bai-
gnoire, c'est elle! oui bien elle!... En
vérité, comment des gens de peu osent-
ils se mettre en telle évidence et avec *une
toilette* si brillante encore: monsieur Dutilloy, devinez de qui je parle.

— Je ne sais.

— De la femme de votre commis Eugène ; elle est là, vêtue en marquise, et
son mari gagne chez vous six cents francs!
Luxe et misère, c'est odieux... et il y a
huit jours je l'avais chez moi, elle voulait
que je vous priasse d'augmenter son mari..
c'est affreux... mais voyez quel chapeau..
Oh! si j'étais vous, par respect pour les
convenances je réduirais Eugène de deux
cents francs.

— Ah! ma mère! dit le jeune Amanieu,

est-ce charitable ce que vous conseillez-là ? cette femme est très bien, Eugène est un galant homme.

—Un fat, reprit la dame, que je ne puis souffrir, un ancien noble commis à nos gages.... Commandeur, il y a des gens qui dégradent leur écusson !

La causerie fut interrompue, on heurta à la porte de la loge, et sur un signe du banquier, l'humble Loyset ouvrit. Un jeune homme, gracieux de forme, élégant de costume, ayant assez de goût pour ne pas se couvrir de ridicules se présenta, et Amanieu, à sa vue, poussant un cri de mauvais ton.

— Ah ! c'est toi, Arsène, d'où sors-tu mon garçon ? Tu ne vas ni au bois de Boulogne ni aux Italiens, tu ne déjeûnes pas au café de Paris, et tes amis remarquèrent ton absence à la dernière course au clocher.

Le survenant, au lieu de répondre à celui qui, manquant d'éducation ne lui laissait pas le temps de rendre ses devoirs à la compagnie, salua profondément les dames, en leur offrant à chacune un bouquet de roses, fit ses complimens au banquier, au commis-caissier Loyset et au commandeur incognito de Vorène, puis, et à son tour, s'adressant au pétulant interlocuteur.

— Tu oublies, Amanieu, que je dois plaider demain ma première cause, et qu'il était convenable de m'en occuper quinze jours auparavant.

— Tu n'as donc pas un secrétaire qui te débarrasse de cette besogne ennuyeuse.

— Et si je l'avais, que ferais-je ?

— Mais, mon ami, tu es riche.

— Eh bien ?

— Eh bien ! les hommes *fortunés* sont sur la terre pour laisser reposer leur esprit au sein des plaisirs, et pour acheter d'autrui ce que leur indolence ne daigne pas faire.

— Ainsi, en entrant dans le monde, je me rendrais l'esclave d'un mercenaire, d'un homme qui, me méprisant tout bas me flatterait tout haut, sans lequel je ne parlerais pas, que je n'oserais renvoyer, et pour cause. Non, non, Amanieu, je n'entends pas ainsi mon honorable, ma sainte profession...

— Du pathos, Arsène, du pathos! prends-y garde, tu ferais croire que tu veux être homme de bien...

— Et vous, mon fils, dit le banquier, vous tenez singulièrement à ce qu'on vous range parmi les fous, les désœuvrés et les prodigues.

— Eh! que lui manque-t-il à ce charmant jeune homme, se mit à dire le fin caissier, tandis qu'il pressait dans ses mains celles d'Amanieu; un regard bienveillant de la banquière le paya de cette flatterie; mais en même temps les yeux d'Arsenne Rumbel et ceux de Tècle Dutilloy se rencontrèrent, et leur langage muet fut éloquent. Amanieu allait reprendre la parole, un geste sec et dur du banquier l'en empêcha, et ce personnage s'adressant au premier venu.

— Je vous aurais écrit de venir me trouver demain, avant l'audience, si je n'avais été certain de vous rencontrer ici ce soir, sortez, je vais vous joindre au foyer, j'ai deux mots à vous dire.

—Où donc sont votre père, M. Rumbel, et mademoiselle Méline votre sœur, demanda la banquière.

— Tous les deux, lui fut-il répondu, occupent leur loge.

— Ne verrai-je pas ma bonne amie? demanda la jeune Tècle, plutôt peut-être pour retenir M. Arsène que par affection réelle pour la sœur de celui-ci.

— Elle serait bien heureuse d'être auprès de vous.

— Eh bien! si M. votre père, si ma douce Méline veulent venir dans notre loge, mon oncle, M. Loyset et Amanieu pourront aller prendre votre place.

— Non, non, petite fille, le commandeur ne me quitte pas, j'ai besoin de sa présence; mais M. Dutilloy...

— J'arrangerai tout, dit le banquier,

en se levant pour partir, j'emmène avec moi Amanieu et Loyset, et lorsque j'aurai jasé avec Arsène, il conduira sa sœur où nous sommes et je resterai avec l'ami Rumbel, à qui j'ai à demander un conseil.

Tècle cacha mal la joie que lui causa un arrangement qui la rapprocherait de la sœur et du frère. Cette douce et prochaine espérance à réaliser, lui rendit moins pénible le départ de l'homme dont elle aimait le mérite et le noble caractère.

# II


## Le Beau-Père et le Cendre.


Il est rare que l'âge mûr n'extirpe
pas les vertus qui parent notre jeunesse.

— *Recueil de Maximes.* —


Le foyer était solitaire, tant chacun
travaillait à s'assurer une place dans la
salle. Le banquier y suivit de près le jeune
avocat, et l'ayant attiré contre la cheminée, bien qu'on fut aux jours du prin-

temps, il se pencha vers lui et baissant sa voix.

— Arsène, dit-il, vous avez sans-doute compris les avantages de votre plaidoirie de demain?

— L'importance, soit, repartit le jeune homme; la cause est belle, dès mineurs si malheureux, une spoliation si odieuse.. Mais les avantages, où sont-ils? Je sers des infortunés et dès-lors...

— Vous battez la campagne, mon futur gendre, ou, plus fineau que moi, vous feignez de ne pas me comprendre : qui diable vous parle de ces sottes créatures? Je dis que vous avez dans cette cause votre fortune faite... Allons, vous me regardez... Que craignez-vous? je ne suis pas de ces hommes de l'époque, accoutumés à crier sur les toits ce qu'ils doivent taire : je sais la valeur du silence... Ecoutez-moi, ce soir en rentrant, votre père, que j'ai vu tantôt, vous contera l'affaire...

— Laquelle.

— Votre début sera *fruit sec*. (1)

— Comment!

— Vous perdrez votre cause.

— Quoi! les juges...

— Vous imiteront, la mémoire vous fera faute au moment pathétique, votre main maladroite ne trouvera pas dans le sac la pièce décisive; car vous n'oublierez pas que vous plaidez contre le ministre de la justice, et que ses adversaires, vos cliens, sont les enfans bâtards et inconnus de son frère.

— Vous êtes bien porté au badinage, monsieur Dutilloy, dit sérieusement le jeune homme, cette gaîté...

— Est-ce que jamais je badine, si vous faites perdre le procès, votre père aura la députation de sa ville natale; moi la direction du commerce et des manufactures, vous la croix de la Légion, et vous

(1) On appelle *fruit sec* à l'École-Polytechnique, les jeunes gens qui manquent les examens d'intérieur.

serez substitut à la Cour royale et avocat-
général, dans un an, jour par jour.

Arsène sentit en lui un mouvement
d'une telle impétuosité que sa main s'é-
leva presqu'à la hauteur de la joue du
banquier ; mais se rappelant que cet
homme venait de l'appeler son gendre,
il imposa silence à sa colère, éteignit la
flamme allumée dans ses yeux, et par un
effort surhumain adoucissant sa voix :

— Monsieur Dutilloy est bientôt mon
second père, ma sœur attend avec trop
d'impatience l'instant où je la rapproche-
rai de ma chère Tècle. Permettez-moi
donc de vous quitter ; d'ailleurs il est des
conversations, que le mieux est de finir
vite.

— Il s'éloigna.

— Arsène ! Arsène ! êtes-vous fou ?

— Excusez, monsieur, mais le brasier
ne va pas et cette bûche n'y fera pas mal.

— Imbécile, dit le banquier au feutier
de la Comédie-Française.

— Il dit ! le particulier, repartit celui-ci.

— Ah !...

— Tiens !.. est-ce possible ! oh ! non, tatiglioi, c'est un rêve... mon fil..., oh ! pauvre père, que tu seras content de le revoir... mais non, c'est pas lui, m'aurait-il quitté?... ah ! dam ! il est cossu, et nous sommes des misérables...

Tandis qu'en face de la cheminée du foyer public de la Comédie-Française, ce monologue avait lieu, débité en présence des bustes de Pierre Corneille et de Racine, le banquier Dutilloy, s'échappant à pas de course, était monté, non à la loge de l'avocat-consultant Rumbel, mais au plus haut du cintre, dans ces places aériennes au-dessus de l'amphithéâtre, et là, regardant derrière lui comme en crainte d'une poursuite, il se laissa tomber sur une banquette, met les mains devant ses yeux, il demeura perdu dans un abîme de réflexions jusques au moment où des tonnerres de vivats, de bravos, d'applaudissemens, d'acclamations lui eurent annoncés que le diamant de la

comédie entrait sur la scène; alors seulement, revenu à lui :

— Enfer et damnation, s'écria-t-il; le
voilà réalisé ce pressentiment détes-
table..... Me suis-je trompé.... non, c'est
lui, oui lui, bien lui, et derrière lui tous
les autres sans doute.... Mais quelle rage
amène toute la terre à Paris; de la montagne Noire en fin fond de Languedoc,
ils sont donc arrivés ici... m'a-t-il reconnu... je le crains... que faire.....D'a-
bord ne jamais remettre les pieds aux
Français que le misérable n'en ait été
chassé... oh ! cela ne me sera pas difficile;
V... est mon ami... il ne me refusera pas...
mais quel prétexte... bon, une insulte
grossière, celle de tantôt... je me plains,
mais bas, pas de confrontation, de récri-
mination... sans cela il faudrait renoncer
à ma loge, à mon plus doux plaisir... on
s'en inquiéterait, s'en enquérerait... on
voudrait savoir..... Nous sommes bien
malheureux de ne pouvoir renoncer à nos
proches comme on abandonne les meil-

leurs amis dont on n'a plus besoin... oui,
demain, demain sans faute... Mais je ne
peux rester ici toujours... descendre...
si je le rencontre, s'il vient à moi... morbleu! je me fais Timoléon et je l'étrangle.

Le coup ressenti par le banquier à la
vue de ce pauvre homme, avait à tel point
bouleversé ses idées, qu'il lui fit perdre
le souvenir de la tentation qu'il venait
d'entamer envers son gendre; elle ne rentra dans sa mémoire que lorsque lui-même,
après avoir descendu de son poste élevé,
en tremblant, et avec des précautions
infinies, fut parvenu à gagner la loge de
l'avocat Rumbel, son ami.

En 1788, fut reçu avocat en parlement,
dans la bonne ville de Paris, Séverin-
Eustache-Étienne Rumbel, né en icelle,
l'an de grâce 1768, sur la paroisse de
Saint-Pierre-aux-Bœufs, fils d'un procureur, fils d'un huissier, fils d'un sergent,
fils d'un archer du palais. Le nouveau
jurisconsulte avait semé dans la maison
paternelle ces principes héréditaires qui

font les bons logis et enrichissent les mé-
créans, sachant, à l'exemple de son digne
père, séparer l'honneur de la robe de
celui de la personne, il assumait sur la
première cet amour invétéré de l'argent,
cette haine de la vertu, ce mépris de la
veuve et de l'orphelin, cet art de déguiser
une avarice âpre sous des dehors austères,
de sacrifier le bon droit, le malheur à la
puissance et à la richesse, cette vue double
qui fait dire blanc et noir sur la même
affaire avec une égale éloquence, ces ressources par lesquelles on pressure, on
gruge, on affame le plaideur, on le dépouille de ses biens, meubles, immeubles,
acquets, contrats, sans habits et chemise,
cette froide indifférence à la chaleur de
celui qui compte sur son droit légitime,
ces rubriques, crocs en jambes, larron-
nages, soustractions de pièces, d'actes,
extinctions de voix, défaut de mémoire,
embrouillement de cause, parole tonnante
pour le fripon qui paie, mais adresse in-
finie à plumer le vautour, à lui rogner les

serres, son bec, et à profiter seul de sa banqueroute, cette faconde, accommodage à toute sauce, selle à tous chevaux, enfin, la science de supporter le dédain, l'indignation du public qui connaît le drôle, qui le flétrit, tout en l'employant et en se servant de ses coquineries. Tout cela ne cessait de répéter Séverin-Eustache-Étienne Rumbel, était des conséquences inévitables, des influences malignes, des émanations empoisonnées, des exhalaisons pestiférées de ce harnais tour à tour porté, ai-je dit, par un procureur au Châtelet, un huissier à la chaîne, un sergent des consuls et recors du guet de Sainte-Opportune.

Ce personnage avait débuté par regarder à l'égal des saints tout seigneur de la cour, et en manière de Dieu, le plus nouveau conseiller au parlement de Paris; mais il eut peu de temps à s'humilier devant eux. La révolution survint, impérieuse, cruelle, sanglante, et Rumbel, voyant avec elle matière à s'enrichir, y donna à pleine voile, se fit affilier aux Jacobins, et néanmoins ne prit qu'une part obscure aux excès, aux crimes de ces temps désastreux. On parla bien sous le Directoire de certaines mesures coupables que *l'homme de loi* Rumbel aurait exécuté en vertu des ordres de la commune sanguinaire ; mais comme à la même époque on l'avait requis d'office pour défendre au tribunal criminel, non encore révolutionnaire, deux ou trois nobles prévenus de conspiration, il se fit de cet acte, qui lui avait causé tant d'épouvante, un titre aux égards du royalisme et des honnêtes gens.

Cependant Napoléon, qui par lui-même l'avait vu agir en vrai montagnard, lui garda pleine rancune et se refusa constamment à le faire entrer dans la magistrature. Rumbel s'en donna l'air et le ton d'une victime, se rendit intéressant ; si bien que dès la restauration on le nomma successivement commissaire de police, juge de paix et même membre d'un tribunal de premier

dégré : tout à coup on apprit que le roya-
liste Rumbel se démettait de ses fonctions
et qu'il revenait avocat consultant.

A l'entendre, son patriotisme occasion-
nait sa disgrâce, la chancellerie ne disait
rien, les juges, ses ex-confrères, gardaient
le même silence, il put se ranger parmi
les mécontens, les libéraux, aussi fut-il
l'un des chauds acteurs de la révolution
de 1830, malgré son âge avancé. Il en résulta qu'il fut nommé adjoint du maire de
son arrondissement, membre du conseil
du département de la Seine, lieutenant-
colonel de l'état-major de la garde nationale, et que l'on cita ses vertus fondées sur
son opulence ; car il n'avait pu faire tant
de métiers sans beaucoup s'enrichir; maintenant il espérait la députation et l'attendait de la cause que son fils plaiderait.

Il alla donc, ce-soir là, aux Français,
auprès de sa fille Méline, et fut surpris de
voir entrer son fils dans leur loge, avec
une préoccupation manifeste et dont il
lui demanda le sujet.

— Je rêve à la journée de demain, lui
fut-il répondu.

— Ah! oui, à votre affaire ; je vous en
parlerai tantôt en rentrant.

Arsène tressaillit à ce propos, et le laissant tomber néanmoins, fit part à l'avocat
du désir de madame et mademoiselle Du-
filloy , d'avoir Méline avec elle pendant la
représentation.

M. Rumbel savait déjà la chose, le
caissier Loyset étant venu prendre place
chez lui ; alors il confia sa fille à son fils,
et ces deux-ci, charmés, arrivèrent auprès
de l'autre famille à l'instant presque où
la toile se levait. Les complimens furent
abrégés , mais la jeune Tècle et Arsène
s'occupèrent moins de l'actrice inimitable
que de leur mutuelle affection.

On joua le *Misanthrope* à la satisfaction
du public , les bravos , les applaudissemens ne firent faute , nul indiscret ne
troubla le petit cercle réuni dans l'ex-loge
du roi, mais dès que la toile fut tombée,
et dans l'intervalle des deux pièces, la

seconde étant *les Fausses Confidences*, plusieurs hommes du jour, soit politiques, soit d'argent, se présentèrent pour faire leur cour à madame et à mademoiselle Dutilloy.

Le premier qui parut, avec son luxe de chaînes, de lorgnons, de montres dans les deux poches du gilet, de canne en défense de Rhinocéros, garnie en turquoise, enrichie d'un chiffre et de cordons en diamans, fut le roi des gants blancs, le suprême grand-maître de la mode dans la Chaussée-d'Antin, fils de banquier richissime, il mangeait l'énorme fortune de son père avec autant de rapidité que celui-ci l'avait acquise, ses écuries offraient l'éclat de ses salons, il est vrai qu'il y recevait ses amis, là, les soins à donner à ses chevaux occupaient un tiers de son existence, le second était pour le sommeil, et notre Hercule Belflou accordait le troisième au monde.

Presqu'aussitôt que lui, parut le général Lotalh, jadis une de nos célébrités mili-

taires, et depuis 1830, l'un des loups
cerviers les plus acharnés à la Bourse ;
certes, ce militaire n'avait pas la manie
de ses confrères, jamais il n'amenait l'au-
diteur fatigué sur l'un de ses anciens
champs de bataille, mais en revanche, il
ne les entretenait que du trois, du cinq,
de la rente de Naples, des chemins de fer
et des sociétés en commandites : spécu-
lateur consommé, et non plus homme de
guerre, le besoin de gagner, d'entasser
des écus, de faire des placemens avanta-
geux d'argent le tourmentait sans cesse,
on souffrait à voir cette honorable moustache s'avilir par des trafics indignes, et
descendre à des menées dont, autrefois,
son front aurait rougi.

Le journaliste Nerestel survint en quatrième, celui-ci se chargeait de placer forcément des actions de toute entreprise
scabreuse. Les fripons se le donnaient
pour trompette, et on admirait sa fidélité
à les servir, fondée toutefois sur la part
considérable qu'ils lui donnaient dans

leur jonglerie: vendu au gouvernement parce qu'il avait peur de chaque procureur du roi, il affichait un luxe scandaleux, soldé aux frais du bénévole actionnaire Nerestel ; cet homme habile avait plus d'une corde à son arc, il créait, empâtait, nourrissait des journaux auxquels il procurait un embonpoint factice, une apparence de vie vigoureuse, qui disparaissait complètement aussitôt qu'il avait vendu son œuvre superbe à un imbécile. Il se chargeait de répandre les fausses nouvelles qui font tomber au piège les niais ; il jouait sur les fonds publics ; il appuyait les roueries du télégraphe ; enfin, dis-je, il se mêlait en outre de librairie, spéculait sur tout, même sur un duel unique: et trompant des nigauds, ou soutenu d'instinct par des misérables, il jouait un rôle et occupait une position glorieuse pour toute autre personne ; mais qui par lui était souillée complètement.

**Tout ce qui reluit n'est pas or**

Ce qui coûte le plus aux vicieux, c'est
de croire à l'existence de la vertu.
*Recueil de Maximes.*

**Votre fils est un original**, disait le
banquier *grand citoyen*, car il était riche;
au jurisconsulte *honneur de son pays*, car il
était avocat; je viens de lui parler relati-

vement au procès qu'il plaide demain, il n'a pas voulu m'entendre.

— C'est qu'il vous a bien compris, répartit l'avocat, c'est qu'il est discret, réservé, mystérieux, qualités que l'on dédaigne trop aujourd'hui; peut-être encore une fausse honte, vous son beau-père futur, il a craint...

— De se montrer calculateur habile, je n'en aurais que plus d'estime pour lui... mon très cher; et, soit dit entre nous, votre fils n'appartient pas à l'époque actuelle; il ne fait aucune affaire, n'a pas un seul camarade dans un journal et je ne le vois jamais prôner la moindre société en commandite; un homme d'esprit a maintenant plus d'une corde à son arc.

M. Rumbel défendit son fils avec chaleur, assura son compère qu'Arsène aimait l'argent avec passion, en donna pour preuve sa simplicité, son écurie veuve de chevaux de prix et son chenil vide de chiens de chasse; son horreur des créanciers, la modestie de sa mise et tout cela,

afin d'amasser et de se former un *magot*
indépendant de la fortune paternelle,
dont il tarderait peu à se servir pour se
lancer dans ces entreprises hasardeuses
où tous perdent, hors le banquier qui
les exploite et l'avocat qui les conseille.

—Je souhaite que cela soit ainsi, repartit
Dutilloy, et ce que vous affirmez me déter-
minera prochainemeut à adresser à mon
futur gendre un client très intéressant de
ma maison, un journaliste : M. Nerestel,
galant homme qui sans posséder au monde
une obole est parvenu à se créer une fortune indépendante, grâce à son industrie
et à la fermeté qu'il met aux coups de main
qu'il tente, on en aura pendu dix mille
avant de songer à lui ; tant il sait l'art de
plumer la poule sans la faire crier : ce
sera un gendre bien intéressant.

La conversation fut interrompue par le
caissier Loyset, jusque-là feignant de regarder dans la salle, il avait paru étranger
à une conversation dont chaque mot était
tombé sur son cœur où brûlait la haine la

plus vive, la mieux méritée pour le sieur
Nerestel ; mais au mot de gendre et à la
pensée que le jurisconsulte avait une fille
à marier il craignit une ouverture intempestive à son intérêt personnel ; lui alors
prenant la parole :

— Mon honorable patron ignore que
l'ami Nestor (le surnom du journaliste),
n'en est pas à chercher une femme ; depuis
deux ans il fait la cour à une duchesse..

— A une duchesse ! s'écrièrent les deux
interlocuteurs.

— Oui, messieurs, à une duchesse de
l'empire, qui n'a d'autre fortune que son
titre et le savoir-faire ; quant à celui-ci
elle chasse de race et si j'étais malicieux..

Ne sachant qu'ajouter, le caissier se
maintenait dans sa réticence, on allait l'y
forcer, lorsqu'un nouvel incident amena
un changement de position.

Parmi ce petit comité, Amanieu Dutilloy accourait tout essoufflé. Son bel
oncle, le commandeur de Vorène, dans

un voyage qu'il fit aux eaux de Spa, se lia d'amitié étroite avec un prince du saint Empire romain, médiocrité comme la plupart de ses confrères, mais possédant en Franconie des propriétés immenses. Or, ce prince était décédé, son fils unique venant d'arriver à Paris et s'étant informé de la demeure du commandeur l'avait rencontré le même jour; s'y étant présenté, *le suisse* du banquier venait de l'instruire qu'il trouverait aux Français, dans la loge des Dutilloy, l'ex-ami de son père : le prince Christian de Morgteinsten, accourant de son côté à la solennité ordinaire, effet de la rentrée de mademoiselle Mars, avait fait d'une pierre deux coups, et son apparition dans la loge du banquier avait failli faire expirer de joie la maîtresse du lieu. Un prince de la vieille roche, à la recherche de son frère, quelle preuve plus authentique de l'ancienneté du blason des de Vorène ; dans l'excès de son ravissement, elle envoyait chercher son époux, afin qu'il en prît sa

part et que le fait demeurât constaté par
preuve irréfragable.

Bien qu'Amanieu eut quelques prétentions à compter parmi nos républicains, la qualité du visiteur ne l'avait pas médiocrement ému et il trouva moyen de qualifier l'étranger de son titre devant l'avocat Rumbel et le caissier Loyset, quinze ou vingt fois de plus que ne l'aurait fait un des hommes habitués aux manières de la réelle bonne compagnie.

Son père refoulant, à son tour, au plus profond de son cœur, l'énivrement que, lui aussi, ressentait de cette visite brillante, s'excusa sur les devoirs de l'hospitalité qui, le contraignant à revenir dans sa loge, l'enlevait à son meilleur ami, il le quitta en lui disant :

— Je vais recevoir le prince, mais ce ne sera pas pour avilir, devant lui, la dignité d'un Français et d'un commerçant.

— Et bien vous ferez, repartit l'avocat, aussi gonflé de jalousie : l'égalité conquise à la révolution de Juillet, ne nous

permet pas de courber notre front devant
ces hommes qui doivent tout au seul hasard de leur naissance... ne manquez pas,
cher ami, de me désigner à son Altesse
*royale*, si elle a besoin d'un jurisconsulte
probe, capace et dévoué de cœur et d'âme
au service des personnes de haute qualité.

Il était minuit lorsqu'Arsène entra dans
la chambre de son père, où deux hommes
de mauvaise mine étaient venus avant lui,
l'un était un garde de commerce, l'autre
le courtier-marron Depresson, que madame Dutilloy avait pris tantôt, à la Comédie-Française, pour le prince Galitzen.
L'avocat renvoyait celui-ci avec des instructions mystérieuses, sans doute, car
il baissa encore plus la voix lorsqu'il eût
aperçu son fils, puis se tournant vers
le lévrier du tribunal de commerce:

— Sieur Fripal, dit-il, je ne suis pas
content de vous, mes cliens se plaignent
que leurs débiteurs ne sont pas arrêtés; par
exemple, pourquoi laissez-vous en repos
ce M. Eugène de Nébuzan, son créancier

veut qu'on l'enferme, et si, sous quatre
jours il ne l'est pas, on vous retirera toute
confiance.

— Mais, monsieur le lieutenant-colonel,
ce jeune homme est capitaine dans ma
compagnie, il est employé chez M. Dutilloy, et j'avais craint de faire un affront
à celui-là en exécutant vos ordres trop ri-
goureusement.

— Qu'il me paie ou, oui qu'il solde mon
client, sans cela point de grâce ni pour
lui, ni pour vous... Ah! sieur Fripal, vous
vous attaquez aux convenances, alors,
soyez gentilhomme et non garde du commerce : votre devoir avant tout, partez et
que ma volonté s'exécute.

L'exécuteur officiel des jugemens du
tribunal de commerce partait, la tête base
et la physionomie triste, lorsqu'un geste
d'Arsène l'arrêta, puis le jeune homme
s'adressant à son père.

— Je suis heureux, dit-il, d'arriver à
propos pour m'épargner un chagrin qui
m'eut été par trop cruel, vous ignorez

mon père, qu'ami de collège avec Eugène de Nébuzan, il me serait affreux de le voir emprisonné par votre ordre; je vous supplie, non de lui accorder un délai, mais de dire à M. Fripal de me remettre la lettre de change en souffrance, avec la note des frais, afin que je les solde ce soir ou demain matin.

— Déraisonnes-tu, Arsène, sais-tu qu'il s'agit d'un capital de six cents francs d'une part et d'environ onze cents de l'autre?

— Vous vous trompez, mon père, une lettre de change de onze cents francs ne peut être passible de six cents francs de frais.

— C'est le billet qui est de cette dernière somme, se mit à dire l'honnête garde de commerce.

— Dans ce cas, ou dans l'autre, reprit Arsène, il y a eu friponnerie évidente, audacieuse, que je me charge de dévoiler et de faire punir.

— Punir! dis-tu, Arsène, punir...

Mais c'est moi qui ai tout réglé, tout accommodé...

— Tant pis pour vous, mon père, je ne
ferai pas moins taxer un aussi horrible
mémoire de frais, je gage que sur les onze
cents francs réclamés, deux cents ne peuvent même être exigibles; je me charge de
cette affaire: et vous, monsieur Fripal, qui
n'agissez, je le présume, que muni de pièces;
voici deux billets de banque de mille
francs chacun, retenez les dix-sept cent
réclamés, rendez-moi le reste; je gage,
avant trois jours, vous contraindre à me
restituer au moins neuf cent francs. —

— Vous n'en ferez rien, Fripal, dit le
père avec agitation.

— Fripal connait trop bien la loi et
moi aussi pour se refuser à recevoir la valeur de papiers désormais inutile.

— Sortez, Fripal, ou vous encourrez
mon indignation.

— M. Arsène, dit le garde avec un ton
suppliant, ne me brouillez pas avec monsieur votre père et reprenez vos papiers.

— Soit, donnez-les moi, mais à mon tour je vous déclare une guerre éternelle, si demain avant midi sonné vous avez osé faire le moindre acte de rigueur envers mon ami. Je vous préviens qu'à onze heures la somme sera portée chez vous par huissier, un de mes amis, qui constatera la moindre circonstance. Malheur à vous si M. de Nébuzan est souillé par votre contact. Adieu.

— Voilà qui est bien, Arsène; lorsque je travaille à vous gagner du pain, vous jetez l'or en insensé.

— Je me plais à croire que vous êtes indifférent à ce qui se passe, répliqua le jeune homme, je me réserve de châtier rudement l'avoué.

— Il a fait son métier.

— Son métier au lieu de sa profession! Quoi! piller avec cette effronterie un homme du monde, loyal, rempli de confiance, et je l'approuverais! Non, de par Dieu! Ou il n'y aura pas de justice en France, ou maître Groneld sera rudement secoué, car celui-là vous est vendu corps et âme.

— Tu en veux à ce pauvre diable, tu vas le tracasser; et en effet le réglement de frais sort de son étude; mais sa défense sera facile, la minute originale qu'il a copiée est écrite... de ma main.

— De votre main... non, mon père, vous n'avez pas voulu nous déshonorer à ce point.

— Sais-tu, Arsène, que tantôt Dutilloy t'accusait de ne pas avoir la tête bien saine, et moi qui ai tant combattu pour toi, je crains qu'il n'ait pas tort.

— M. Dutilloy, mon père, croit que le barreau est un comptoir.

— Eh! eh! c'est le plus honorable, sans doute, mais c'est celui où l'eau vient le plus lentement au moulin.

—Un comptoir! une noble, une sainte profession! s'écria le bouillant Arsène; eh! mon père, pouvez-vous ravaler ainsi l'ordre des avocats!

— Je ne ravale rien, mais vois-tu, Arsène, ici-bas chacun pour soi, et Dieu pour tous.

— Soit, mais j'ai aussi mes adages, et celui-ci est le mien : *fais ce que dois, advienne que pourra.*

— Maxime de sot, morale de dupe, nous avons changé tout cela, nous autres anciens.

— Ne suivriez-vous pas la doctrine de Sganarelle, et de dessous notre robe n'extirperiez-vous pas le cœur ; cependant je ne renonce pas à mon idée, demain Eugène paiera, et quant aux frais...

— Allons, allons bourreau de ton père, sois satisfait avec mille francs capital et intérêts, je t'en tiendrai quitte.

— Non, sept cent vingt francs ou un procès.

— Misérable ! nous n'aurons pas cinquante francs de gain légitime ; mais soit, parce qu'il faut remplir la gueule du loup quand on veut l'empêcher de mordre.

A la suite de ce propos, le vieil avocat reprenant en second ce que le banquier avait entamé à la Comédie-Française, tenta de surprendre la conscience de son fils en le détournant de la défense honorable de ses cliens du lendemain, ce fut encore sa peine perdue. Arsène, rempli d'honneur et de vertu, opposa aux sophismes, à la mauvaise humeur, à la colère de son père une résistance modeste, ferme, respectueuse, qui ne compromit ni sa position de fils, ni son indépendance d'avocat; ce fut en vain qu'on le tourna, qu'on l'ébranla. L'ambition, la cupidité glissèrent sur cette belle âme, et quand il s'éloigna du vieux patelin, celui-ci s'écria que les enfans, certes, dégénéraient et ne tenaient rien de leur père.

Arsène chagrin d'avoir soutenu cette double lutte qui ne lui permettait plus d'honorer les deux hommes qu'il eût voulu vénérer par de-là tous les autres, rentra chez lui tout attristé; mais il ne se coucha pas avant d'avoir médité sur la cause qu'il aurait à défendre le lendemain.

# IV

## Deux Jeunes France.

<blockquote>
Des ridicules ne sont pas des vices, et
plus d'un noble cœur bat sous un habit
de coupe extravagante.

—Recueil de Maximes. —
</blockquote>

Jamais plaidoyer de jeune avocat ne
donna de plus belles espérances que celles
nées du discours éloquent d'Arsène Rumbel en faveur des deux orphelins. Les
juges, sous l'influence de son improvisa-

tion sublime, car sa réplique inattendue
et à laquelle l'astuce de sa partie adverse
ne l'avait pas préparé, rendirent, à la satisfaction générale, un arrêt conforme à ses
conclusions.

Une foule charmée environnait Arsène,
ses amis, ses émules, l'élite des auditeurs,
des avoués à l'affut des réputations ascen-
dantes, afin de les empaumer à leur profit;
des cliens riches et avares toujours en hâte
de demander au talent le soutien de leur
turpitude; les complimens successifs que
le procureur-général, que le président de
la chambre lui avaient adressé, tout enivra
doucement l'âme d'Arsène, et combien
plus fut-il heureux lorsque mademoiselle
Dutilloy, venue à cette séance avec Méline
sa sœur et une dame de leur famille,
l'eût abordé en passant et, les yeux baignés
de larmes lui eût dit :

— Vous avez joué le beau rôle en pré-
férant les orphelins à l'oppresseur.

Arsène n'en demandait pas davantage,
et lui aussi quitta le palais; il était à peine

rentré, et dans le temps qu'il changeait de linge, son domestique le prévint qu'un bon vieillard courbé par l'âge, mal vêtu, demandait à le voir, en même-temps, et ouvrant lui-même d'autorité toutes les portes, Amanieu Dutilloy fit irruption dans la chambre de son ami, et tandis qu'Arsène disait au valet de retenir un instant l'inconnu, le fils du banquier avec sa familiarité accoutumée.

— Par ma bonne lame de Tolède, sais-tu, Arsène, que je suis jaloux de toi; je me ruine en chevaux rares, en chiens de prix, j'ai des grooms pur sang, je fais des dettes, des orgies, des horreurs, eh bien! mon nom passe inaperçu et à part mes fournisseurs et les camarades, nul dans Paris ne prononce mon nom; toi au contraire qu'on ne voit nulle part, qui n'as fait aucune sottise, pas même des dettes, il n'est question que de toi à la ville, on te porte aux nues à la cour, on fait de toi un objet de colère et de mécontentement, c'est à qui te jettera sa pierre, il n'y a

pas jusqu'à mon très digne père qui ne
t'abomine ce matin.

— Ton père est mécontent dis-tu, Amanieu, et par où me suis-je rendu coupable
à ses yeux.

— Par où, et ta cause de tantôt, cette
cause qui, perdue, eût mis les auteurs de
nos jours en si belle position, le gain leur
en est odieux, et ton père faisant chorus
avec le mien, tout à l'heure encore, se
plaignait que tu fusses trop honnête
homme, il disait, et au fait je crains qu'il
ne dise vrai, il affirmait que tu n'es pas à la
hauteur de l'époque.

La causerie d'Amanieu avait fait oublier
à l'avocat l'humble client qui était à
l'attendre. Le valet de chambre qui entra
et lui remit une lettre, le lui rappela par sa
présence. Arsène alors se tournant vers
son ami, le pria de passer dans sa biblio-
thèque pour lui laisser écouter un étranger.....

— Je ferai mieux, répondit Amanieu,
je prendrai la fuite, mais avant je meurs

d'envie de te voir déchirer cette enveloppe
ministérielle ; je ne te savais pas en rap-
port avec les membres du conseil.

— Que dis-tu là, répondit Arsène qui
n'avait pas examiné la dépêche nouvellement apportée, en effet, elle est timbrée
de la chancellerie, qu'est-ce donc.

Il brisa le cachet, où le livre de la loi
a remplacé l'écusson de France, et trouva
sous le pli une toute gracieuse invitation à
dîner pour le lendemain, de la part du
garde-des-sceaux de France ; il avait lu et
à haute voix, et Amanieu presque piqué :

— Je ne te croyais pas l'un des intimes
de notre second et intègre Lhôpital.

— Je ne lui ai jamais parlé.

— Dans ce cas c'est ton mérite, cher
Arsène, ton éloquence, ta vertu. Oh !
comme ceci va raccommoder les affaires
auprès de mon père, et ma noble mère
comme elle tressaillera de savoir son
gendre attablé chez une excellence.... En
revanche, demain nous avons un prince
de la bonne fabrique, un prince qui vient

à Paris se mettre en tutelle sous mon oncle le commandeur ; l'allégresse du fait en dévore ma mère.... Tu l'as vu ce prince Christian de Morgteinsten, que t'en semble ?

— Il est bien, très bien sans doute ; mais où ta sœur se trouve, les princes étrangers ne m'occupent pas.

— Tu es philosophe. Les personnes de ce haut rang néanmoins...

— Je t'ai cru républicain...

— Je le suis sans doute, mais un vrai prince vois-tu.... Au reste tu vas en voir à ton aise, quand on dine chez le garde-des-sceaux.... Il est singulier que moi, fils d'un banquier de la haute volée, d'un matador de l'ordre, je n'ai jamais reçu la moindre invitation de haut lieu... Arsène, ton dîner te racommodera avec mon père il t'en veut... et beaucoup.

— M'en vouloir : et pourquoi...

— Il dit que ton plaidoyer est une imprudence, que tu es une mauvaise tête

que tu finiras par devenir l'avocat des
pauvres.

— Eh malheureux ! tu me fais oublier
qu'un pauvre, en effet, attend à ma porte
et je te conjure...

— Bien, bien, je lui laisse le champ
libre, mon père ne se doute pas que tu
entres aussitôt en fonctions.

A ces derniers mots, Amanieu Dutilloy,
quitta son ami en essayant de rire, et
tandis que malgré lui il jetait encore un
œil d'envie sur la missive d'invitation du
garde-des-sceaux, Arsène, contre leur
usage, l'accompagna, mais ce fut pour rejoindre, dans l'antichambre, l'homme qui
l'attendait.

C'était un individu âgé d'environ cinquante ans, sa parure modeste annonçait
un ouvrier peu à son aise, et dans ses vêtemens de dimanche, il portait néanmoins
la tête haute, et il y avait dans l'ensemble de sa physionomie une singulière expression d'énergie et de simplicité, ses
traits, ni beaux, ni laids, ses cheveux sans

poudre, tout en lui concourait à le montrer comme l'un de ces personnages qui, ayant mené une vie active ont beaucoup souffert.

Arsène le pria de l'excuser s'il l'avait fait attendre, son ami était la cause de ce retard ; l'inconnu l'écouta avec plus de surprise que d'intérêt, et puis répondant :

— Bah ! monsieur, ceux de mon rang doivent, en commençant leur vie, en faire deux parts, l'une qu'ils vouent au travail qui les fait vivre, l'autre qu'ils abandonnent aux riches peu accoutumés à tenir compte des heures qu'ils font perdre aux malheureux.

— Ne me rangez pas dans la classe de ces hommes injustes, monsieur.

A ce dernier mot l'inconnu se retourna vivement, comme si le jeune Rumbel eût parlé à un second personnage ; reconnaissant que le titre de monsieur n'était accordé qu'à lui, s'inclina de nouveau, et

donnant à son visage une expression maligne, il dit :

Oh! monsieur l'avocat, vous gâtez
mes semblables, vos confrères ne vous
ressemblent pas.

— En quoi, monsieur, puis-je vous
être utile, repartit Arsène, tandis qu'il
avançait un fauteuil à son client.

Celui-ci reculant le meuble en bois des
Iles magnifiquement incrusté, tandis qu'un
riche lampas vert et blanc attaché par des
clous dorés le recouvrait, ajouta :

— Non pas, s'il vous plaît, j'aurais
honte de m'asseoir dans une aussi belle
chaise, peut-être même, plus tard la re-
gretterai-je, ce tabouret est encore trop
bon pour moi.

Ce mélange de simplicité et d'aplomb,
dans un individu presque couvert des li-
vrées de la misère, augmenta l'étonnement d'Arsène qui, le laissant agir à sa
guise, se contenta de lui demander ce
qu'il désirait de lui.

— D'abord, monsieur lui fût-il répon-

du, je commencerai par un aveu qui jusques ici ne m'a pas été favorable, je suis
hors d'état de vous payer maintenant des
soins, que je réclamerai de vous néanmoins, ils seront pénibles, désagréables
même, et Dieu seul peut savoir si un
jour venant il me sera possible de m'ac-
quitter.

— N'importe, monsieur, dit Arsène
sans hésiter, les devoirs de ma profession
me commandent d'accorder sans rétribu-
tion, aux malheureux, ce que par la loi
je peux faire payer aux riches.

— Ah ! monsieur l'avocat, dit le bizarre homme, en secouant la tête, ceci
se gâte, voilà justement et mot à mot ce
que m'ont dit tous ceux de vos confrères
que je suis venu trouver avant vous, il n'y
en a pas un qui ne m'ait fait des phrases superbes touchant l'austérité des devoirs du
barreau, et pas un, qui plus tôt ou plus
tard, même avant que je lui nommasse
l'adverse partie, n'ait trouvé le moyen
de me faire sortir de chez lui, plein de

respect pour l'ordre en général et de mépris, je vous l'avoue, pour la bourbe-plai-
dante à laquelle le hasard, j'aime à le
croire, m'avait d'abord adressé.

— Vous êtes sévère, monsieur, répliqua froidement Arsène, sévère infiniment
plus qu'il n'est permis de l'être, où, il
faut avouer que vous n'avez pas été chanceux; il y a de nobles cœurs parmi mes
confrères...

— Oui, oui, sans doute, il doit y en
avoir, le tout est de les trouver et je n'ai
pas eu ce bonheur jusques-ici.

— Je me flatte, dit Arsène en souriant,
que vous ne sortirez pas sans vous être
convaincu du désintéressement du barreau moderne, veuillez me mettre au
courant de votre affaire, elle sera bien
difficile si je ne la conduis pas à bout.

— Monsieur, je vous le répète, le jour
où vous serez nanti de vos honoraires ne
se lèvera pas de si tôt.

Arsène était assis à son bureau, il prit
une plume, écrivit négligemment quel-

ques lignes sur un carré long de papier
à lettre, et, sans mot dire, le remit à
son client, qui, avec une surprise naturelle, y lut les mots suivans.

« Je soussigné, déclare, avoir reçu de
« M. ( le nom resté en blanc ) la somme
« nécessaire au paiement de tous les frais
« quelconques, de l'affaire dont il m'a
« chargé.
« ARSÈNE RUMBEL. »

— Pardieu! monsieur, s'écria l'inconnu,
en déchirant ce noble écrit et puis en serrant amicalement la main du jeune avocat dans la sienne, pardieu! vous aviez
grandement raison de le dire, il y a des
hommes encore dans le barreau de Paris.
Maintenant que je vous sais désintéressé,
je reste persuadé que le crédit de notre
partie adverse ne vous fera point peur.

— Quelle qu'elle soit, je m'engage d'a-
vance, sur l'honneur, de la braver si elle
est puissante; mais en même temps,
monsieur, si votre cause n'est pas juste

je la refuserai, dussé-je vous donner,
aussi, mauvaise opinion de moi.

— Oh! pour ce point, maintenant que
je sais ce que vous êtes, j'ai la certitude
que vous serez notre défenseur; dit l'inconnu, et sur ce, écoutez-moi.

« Il y a cinquante-quatre ans, que dans
le village de Vaudreuil, sur le versant occidental de la Montagne-Noire, un couple,
alors jeune, vivait modestement : trois
fils furent le résultat du mariage de Mathieu Delotry avec Jaquette Penard; l'aîné,
Denis-André, le second, Nazaire-Félix,
le troisième, Barthélemy, une fille enfin,
plus jeune, belle et trompée par un étranger, ou pour mieux dire, mariée en secret,
son tour viendra, elle se nommait Ca-
therine.

« Le père et la mère, bons paysans, tenaient à bail et pour la moitié des fruits,
selon l'usage de la contrée, une Borio
(métairie) appartenant à M. le marquis
de Vaudreuil; le fils aîné ayant eu pour
parrain un créole, fut amené à la Marti-

nique, en sa dixième année, et celui-là c'est moi ; le second, vers sa quinzième année, fut débauché par un camarade qui lui inspira de l'ambition, il quitta furtivement la maison paternelle, se rendit à Toulouse puis à Bordeaux, et enfin, parcourant la France, arriva dans Paris. Son incapacité s'opposant à ce qu'il avançât sur le chemin de la fortune, le pauvre diable est encore garçon de peine à la Comédie-Française, où il remplit le soir les fonctions de feutier.

« Le troisième, ayant quatorze ans, prit du service dans une levée en masse, aux jours les plus orageux de la révolution, et dès ce moment cessa de donner de ses nouvelles à sa famille, qu'il oublia sans doute puisqu'elle n'entendit plus parler de lui. Le père, la mère, privés ainsi de leurs enfans, tâchèrent, tant qu'ils furent dans la force de l'âge, de travailler avec activité afin de se préparer une vieillesse heureuse ; la Providence tarda peu à leur être contraire, et ces époux vertueux, chaque jour déclinant davantage, atteignirent une décrépitude malheureuse. Le mari a aujourd'hui quatre-vingt-quatre ans, la femme soixante-seize, et tous les deux, depuis 1820, sont à la charge de leur commune, ou plutôt y auraient été, si un inconnu venant à leur secours, ne leur eût tendu une main bienfaisante. Depuis lors, et il y a quatorze ans, ils vivent en paix dans une médiocrité qui ne devrait pas être leur partage; car, enfin, l'un de leurs fils est millionnaire et tient à Paris un grand état de maison.

— L'un de leurs fils, s'écrie l'avocat, est-ce possible; quoi il est riche... riche, et il laisse son père à la pitié d'un étranger.

— Cela vous étonne? repartit l'inconnu, c'est néanmoins chose commune. L'homme dont je vous parle et qui oublie si lâchement son père, a souscrit à toutes les déceptions nationales qui, depuis la restauration en ont appelé à la bourse des fastueux ; celui-là souscrivit pour dix mille francs en faveur du Champ d'asile. Il dota la cabane de Clichy, donna cinquante mille francs aux enfans du général Foy qui n'en avaient pas besoin : quand un voleur public, Hesner, eut pillé le trésor de la nation ; quand, avec une effronterie rare, la haute banque tenta de sauver ce larron, le fils de Mathieu Délotry, ne craignit pas de se mettre en avance de cent-cinquante mille francs ; enfin, tout tombeau *d'un grand citoyen*, toute bienfaisance proclamée dans les journaux, l'ont vu répondre à leur appel... tandis que dans la Montagne-Noire, les auteurs de ses jours vivaient honteusement du pain de la pitié.

— L'infâme, dit Arsène, en élevant les mains, ciel ! puis se reprenant.. Poursuivez, monsieur, je vous en prie.

— Ce fils dénaturé est le plus jeune des trois, blessé dans la quadruple campagne de Napoléon, en 1796, il quitta l'armée active et se fit nommer garde-magasin ; dès-lors, chaque année le vit grandir en fortune ; il s'associa aux loups-cerviers qui sous les noms de fournisseurs, d'entrepreneurs, de munitionnaires ; se pillent, assomment, dévorent, désorganisent les armées. Lié d'intérêt avec les plus célèbres fripons de l'époque, les C... les P... que Napoléon a flétri de son dédain, notre héros, digne de tels modèles, atteignit de suite et ne compta plus que par millions. Déjà Crésus en 1814, la restauration ne le ruina pas ; s'alliant à toutes les sangsues publiques, groupant les chiffres, prenant de toutes mains, trompant tous afin de pressurer chacun ; il n'est aucun moyen qu'il ne mette en œuvre pour augmenter la masse énorme de son trésor ; il prête à la petite semaine, aide tout fabricant de vin à pallier et frelater la liqueur généreuse que fournit la nature, et qui, grâce à ces escrocs, se transforme en litharge impure ; il a des comptes ouverts avec les huissiers qui lui remettent

là moitié des bénéfices qu'ils retirent des
pauvres débiteurs poursuivis son nom (1);
que vous dirai-je? enfin, cet homme af-
famé d'or a vendu jusqu'à sa patrie chaque
fois qu'on a voulu lui en acheter un lam-
beau. Il est au plus haut de la roue de la
fortune; il croit l'avoir fixée : son crédit
est immense à la cour; on le ménage à la
Bourse : il est puissant; c'est lui, enfin,
que je viens vous supplier de poursuivre,
lui qu'il faut traîner devant les tribunaux
pour qu'il soit contraint à fournir une
pension alimentaire à ceux qui lui ont
donné la vie et qu'il a si lâchement aban-
donnés.

— Que Dieu me punisse, répondit impétueusement Arsène, si je ne déploie pas
contre un tel misérable le peu de talent que
je reçus de lui! Oui, mon Dieu! recevez-
en ma parole, j'arracherai le voile qui

_____________

(1) Ce fait si honteux est adopté par des dignitaires de
la garde nationale et principalement des marchands de
vin.

couvre ce front hideux, ce front que je
marquerai du fer de l'infamie. Monsieur,
une telle cause ne vous appartient plus,
elle est mienne; je me charge de toutes
les avances nécessaires, et je vous préviens
que d'hors et déjà je renonce au remboursement de toutes celles dont la loi ne
chargera pas notre adverse partie... mais
confiez-moi deux choses : votre nom et
celui de ce parricide, de ce sacrilège ingrat.

— Hélas! monsieur, répartit l'inconnu,
je souffre à m'avouer que le frère aîné de
Barthélemy Delotry, connu à Paris sous
le nom d'emprunt de Dutilloy de Runqua,
mari de mademoiselle Euphrasie-Cyrien-
ne-Charlotte de Vorène.

Un cri aigu, un cri terrible échappa de
la bouche d'Arsène lorsque le nom de son
beau-père futur eut frappé ses oreilles et
blessé douloureusement son cœur; lui-
même par deux fois le répéta, comme si
ses lèvres eussent été un écho, et, se laissant tomber en avant sur son pupître, il

essaya de cacher au client son désespoir et son chagrin ; celui-là prenant le change et soupçonnant l'avocat de reculer devant le crédit du monde actuel, lui dit :

— Ainsi vous auriez peur en vous attaquant à si forte partie ?

— Monsieur Delotry se trompe quand il attribue à la crainte ce qui est seulement l'effet de la... surprise, je connais son frè... sa partie adverse, je la rencontre souvent dans le monde... que dis-je ? une ancienne intimité lie mon père avec ce banquier renommé ; son fils même est mon ami, c'est lui qui vous a fait attendre tantôt malgré moi... mais, monsieur, ces considérations, et nombre d'autres encore, ne me détourneront pas de mon devoir... que dis-je ? il est mieux, j'achèterais une pareille cause si elle était à vendre, car je suis le seul qui peux la mener à une bonne fin ; le seul qui, sans compromettre en rien les intérêts de M. votre père, pourrai du moins, je m'en flatte, amener à un résultat favorable une discussion par trop horrible, pour que notre adversaire ose la soutenir.

— Allons, monsieur l'avocat, dit André Delotry, vous êtes un brave homme, aussi vrai que je suis un pauvre diable, et ceci par la faute de mon parrain... ruiné de fond en comble à Saint-Domingue où il m'avait conduit...

— N'est-ce pas à la Martinique que vous m'aviez dit d'abord?

— Oui, à la Martinique ; mais ses possessions étaient dans l'autre île. Il y perdit tout. J'ai depuis visité les quatre coins du globe, et si le proverbe dit : *Pierre qui roule n'amasse pas mousse,* j'ajouterai que marin qui voyage ne fait pas grand magot d'argent; je suis revenu avec une bourse assez mal garnie; je l'ai vidée dans la main du pauvre vieillard, et le peu que j'ai mis en réserve, je le destine à punir le mauvais cœur de mon puîné.

— Cela ne sera pas nécessaire, j'espère arranger le tout à la satisfaction générale ; votre frère doit avoir au moins deux mil-

lions de revenu : quelle somme annuelle
dois-je lui demander?

— En l'élevant trop ce serait lui aider
dans sa résistance cupide ; portons-là à un
taux si modeste, que son avarice n'en
éclate que mieux, à mille écus, par exemple quinze cents francs pour le père, et
pour la mère autant.

— Et vous pensez qu'il refusera une
misère pareille à son père octogénaire, à
sa mère qui est presque aussi âgée? c'est
impossible.... mille écus, c'est une goutte
d'eau.

— Oui, pour ses fantaisies, pour son
orgueil, mais il en fera une mer immense
quand cette somme devra remplir un
devoir; si vous saviez ce qu'il a déjà fait....
Mais non, non, de par tous les diables !
Dutilloy est encore mon frère, et quelque
descendu qu'il soit dans le sentier du
vice et de l'infamie, je ne peux le rendre
méprisable à ce point.

— Mais vous qui l'attaquez avec cette

âpre amertume, savez-vous s'il sera injuste, l'avez-vous vu.

— Non.

— Pourquoi ne le verriez-vous pas?

— Moi aller à lui, moi.... qu'il a renié
en apparence.... non, non, je ne me pré-
senterais dans sa maison que pour la faire
retentir de mes imprécations et le mau-
dire au nom du père commun ; et mon âge
et mon droit d'aînesse m'en donnent le
pouvoir.

— Cependant, reprit Arsène, refoulant
au fond de son cœur tout ce que sa position entre les deux frères avait de faux
et de pénible, je dois vous prévenir que
les devoirs de ma profession me commandent, avant d'employer les voies de rigueur,
d'user de celles de conciliation, je verrai
le banquier, d'abord comme arbitre.

— Ce sera sans succès.

— Soit, mais j'aurai obéi aux convenances et alors je redeviendrai libre
d'être seulement avocat.... Mais, monsieur, je vous en supplie, devancez-moi,

oubliez vos justes griefs, les malheurs de
vos proches, l'ingratitude de leur enfant;
songez que cet homme est toujours leur
fils, et que, quoi qu'il fasse, vous n'en
serez pas moins son frère.

— Si vous prenez à l'audience ce ton
pathétique, si vous plaidez la cause de la
pauvreté et du malheur avec autant de
force que vous soutenez maintenant celle
du plus coupable de l'époque, vous en-
lèverez les opinions.... Vous m'avez
vaincu, oui, je verrai mon frère et avec
vous, s'il vous plaît?

— Avec moi, non, pourquoi tenez-vous
à le faire rougir devant un tiers? ma présence lui serait par trop humiliante, lorsqu'avec vous il se croira seul. Pourquoi
donneriez-vous d'abord des armes à l'a-
mour-propre? qui sait si ma seule vue ne
l'entraînerait pas à un coup de désespoir!

— Parbleu! monsieur l'avocat, j'ai du
plaisir à vous entendre, vous me réconci-
liez avec le barreau, et en vérité je regrette de ne pas avoir une fille.... allons,

voici que je dis des folies.... en effet, ce
serait une belle récompense à vous donner que de devenir le gendre d'un pauvre
diable comme moi.... Oui, je suivrai vos
avis, demain, dans la journée, je passerai
chez mon frère le riche, aujourd'hui je
vais à la recherche de mon frère le feutier
de la Comédie-Française; qui sait si, par
hasard, Dutilloy n'en est pas le banquier.

— Vous ne vous trompez-pas, plusieurs
des sociétaires ont en lui leur confiance,
et quand le théâtre à besoin de fonds, il
en trouve dans sa caisse, et souvent sans
intérêt encore, mais par le seul amour
des beaux-arts.

Arsène ne s'aperçut de sa sanglante
épigramme qu'après l'avoir lancée;
M. Delotry en sourit mélancoliquement,
et lui donna rendez-vous au surlende-
main, pour lui rendre compte de ce qui se
serait passé entre son dernier frère et lui.

# V

## Une des Sentines de l'espèce humaine.

Le meilleur correcteur est un miroir.
— *Recueil de Maximes.* —

La nuit était avancée et les lambris d'une maison suspecte de la rue Beaurepaire retentissaient des chorus d'une troupe en débauche, ivre de vin et de liqueur; l'orgie avait lieu au quatrième étage, sur

le derrière, dans une chambre vaste, mal
meublée et où luttait contre la misère
l'ostentation du mauvais goût bourgeois.
Sur une cheminée en plâtre de Montmar-
tre peinte en granit et cassée à tous les pro-
fils, était montée une pendule moyen-âge
sans globe de verre pour la couvrir et
sans balancier pour la faire marcher ; un
numéro d'ordre attaché encore à une des
colonnettes, témoignait clairement que
l'achat d'une reconnaissance du Mont-de-
Piété avait amené là cette pièce de luxe,
accompagnée de deux vases de porcelaine
commune, contenant des bouquets de co-
quilles à demi brisés ; quatre tasses, dont
deux en faïence, complétaient la garniture
de la cheminée.

Un papier de tapisserie du prix de douze
sous le rouleau, tout posé, couvrait les cre-
vasses de la muraille et formait une opposition désespérante avec deux superbes
rideaux de croisée en velours vert, avec
galons et crépines d'or faux, substitution
récente qui avait déshonoré ce débris de

bonne maison. Là, des chaises d'église aux dossiers rompus contrastaient avec trois fauteuils richement dorés et pareils aux rideaux. Ici, un canapé de bois blanc, couvert d'une indienne trouée paraît en face d'un lit de damas blanc glacé d'argent, mais privé de son ciel, de ses panaches et garni de draps sales en percale et d'une infecte couverture de laine grossière; dans une bordure de miroir du temps du seizième siècle, on avait placé un portrait admirable du premier consul, ou plutôt du général Bonaparte. Comment ce chef-d'œuvre de Gérard était-il venu dans ce bouge dont le reste de l'ameublement était aussi bien entendu?

Le milieu de la chambre était occupé par une table ronde, autrefois d'acajou massif, et maintenant raccommodée avec du sapin que le rabot n'a pas poli; autour, et à la clarté d'une lampe astrale, dépouille dégradée encore d'un billard de bonne maison, sont rangés six personnages de sexe et d'âge divers.

Le premier, ou, pour mieux dire, la première, est un de ces êtres indécis qui, par leur mise, leur laideur affreuse, leurs goûts dépravés et leurs propos à l'avenant réalisent à Paris le phénomène de la fable; à voir cette redingote croisée sur un gilet feu velours, ce foulard noué, taché de graisse, de sang et de vin qui enveloppe le crâne, cette jupe de piqué qui dût être blanc et qui est maintenant de toute nuance, à ces jambes nues et velues, à ces énormes soulliers carrés, et, pis encore, aux éclats rauques de cette voix de stentor, aux blasphêmes infâmes, aux dégoûtantes ordures qui s'échappent sans cesse d'une bouche où dort une dent solitaire, qui osera dire c'est un homme, c'est une femme; eh bien! néanmoins, ce monstre physique appartient à cette belle moitié de l'espèce humaine qui donna Vénus, Psyché, Hélène, Aspasie, Popée, Blanche de Castille, Ninon et Marion Delorme; oui, sous ce fumier infect bat un cœur de femme capable peut-être de se livrer à tous les excès qui déshonorent ce sexe trop faible, comme aussi de se relever de la dégradation, si, la passion, elle, tournait à la vertu.

Abbesse d'un mauvais lieu, cette créature porte pour nom de guerre un nom objet ordinaire de nos respects et de notre admiration. Qui s'imaginerait que la directrice de ce bourbier moral n'est connue, non par tous ses prénoms et nom de Madeleine-Perpétue Miltard, mais sous celui si brillant et si lumineux en lui-même de *marquise de Sévigné*; comment la profanation moderne est-elle descendue jusque-là? mes investigations les plus ardues n'ont pu me l'apprendre; ce qu'il y a de certain, c'est qu'en cette année 1836 tant chez les commères réunies devant la laitière de l'angle de la rue Montorgueil, que chez les fruitières du voisinage, on n'a, de temps immémorial, donné à la maîtresse-propriétaire, et non locataire principale du n. 189 de la rue Beaurepaire, d'autre nom que celui, je le répète, de la marquise de

Sévigné, il est vrai que pour l'honneur
de l'illustre Bourguignonne son homo-
nime subit les altérations ordinaires de
tout nom qui ressort du commun. Les
cinq marchands de vin de la rue disent la
mère *Sorvigné*. Les épiciers qui, allant à la
cour, possèdent mieux les belles manières, soutiennent qu'elle s'appelle *Cerpigné*;
une diseuse de bonne aventure qui l'a
connue dès l'enfance reprend quiconque,
devant elle, ne nomme pas celle-là la
marquise *Sauvergné*.

Quoiqu'il en soit, chez cette créature
logent en chambres numérotées et sous
la sauve-garde de *l'hôtel du Conquérant su-*
*prême* (un amour dans un berceau de roses), des femmes d'un abord facile et des
hommes dont la prison est le domicile, et
le bagne, le port certain où ils respirent
des orages de la vie.

A la droite de la marquise de Sévigné,
ou plutôt de Madeleine Miltard, est un
homme qui a déjà atteint la décrépitude;
chauve et borgne, il couvre de conserves

bleues le seul œil qui lui reste; ses vêtemens sont usés, rapiécés même ; néanmoins leur arrangement a quelque chose
de coquet et de bon goût peu en harmo-
nie avec les parures des habitués de la
maison. Celui-là qui y loge et qui y jouit sinon de l'estime, au moins de la considération générale des commerçans, est un
de ces êtres mystérieux dont la vie est un
problème; on ne lui connaît ni fortune
au soleil, ni rente au grand-livre, et néanmoins il vit sans emprunter à autrui; souvent même, et à un intérêt médiocre, sa
bourse est ouverte, et il passe pour *avoir
des écus.* Les méchans ont dit long-temps
qu'il devait son bien-être à la police;
mais épié et devenu l'objet de sévères investigations, jamais on ne l'a vu s'appro-
cher du quai des Orfèvres ou de tout autre
lieu suspect; il sort peu, va passer la soirée
dans un café du voisinage; rentre pour se
coucher, et quand il sort, on le salue dans
la maison d'un : *Monsieur Levraut, que votre santé se maintienne.* La marquise de Sé-

vigné le consulte, le vénère ; et, quand on parle de lui, elle clot la conversation en disant toujours :

« Quoiqu'il en soit c'est une forte tête. »

Le troisième des convives, le *bel Hyppolite* est un demi colosse de cinq pieds six pouces, fort et musclé à proportion ; la nature avait pris plaisir à dessiner sur ce grand corps une figure charmante, le caprice de l'original est parvenu à en faire un objet d'horreur ; c'est une barbe rousse, épaisse, crépue, qui enveloppe les joues, les lèvres, le menton ; ce sont des cheveux bruns, sales, huileux, couronnant en manière de forêt, un front qui, rendu à ses proportions primitives, eut été noble et gracieux, et qui est rétréci d'un côté par les boucles de la chevelure, et de l'autre par d'horribles sourcils peints et pommadés à dessein ; la débauche, la fatigue des excès ont creusé, cerné les yeux, leur ont ravi leur velouté, leur brillant, pour les rendre ternes, chassieux et bordés à l'extérieur de rouge et de jaune et de noir à l'intérieur; une chique en permanence dans cette bouche si divinement coupée en a noirci les dents et empesté l'haleine, les habitudes du vice bas de la crapule misérable, ont enlevé à ce buste sa grâce et courbé impérieusement les muscles du dos; en vain Hyppolite dépense cher pour se bien mettre, ce qu'il porte n'a jamais de fraîcheur, l'habit neuf de la veille est fripé le lendemain et le jeune homme qui aurait pu choisir parmi les femmes les plus belles, ne peut être souffert que parmi celles dont les plus dégradés ne veulent pas.

Le numéro quatre, Robillet le *bon enfant* par antiphrase, est un de ces personnages en guerre avec tout le genre humain, laid, maussade, féroce, doué d'une malice infernale, d'un besoin de nuire, qu'il tourne contre ses semblables; celui-là ne conçoit pas la vertu, haïr, et faire souffrir les objets de sa haine, détester le genre humain dans son ensemble est son état normal; courageux jusques à la férocité, intrépide jusques à être trop téméraire, avide de sales voluptés, il a des besoins nombreux, rien ne lui coûte pour les satisfaire.

Son voisin, à qui on ne connaît d'autre nom que celui de Balthasard, étale avec ostentation la croix de juillet, affiche ses idées républicaines, se dit de tous les complots, n'est jamais arrêté, découche souvent, parle de ses bonnes fortunes, et maintient son état équivoque, grâce à ses vingt-cinq ans, à sa figure charmante, à ses beaux yeux, et à une parure toujours élégante et soignée, qui dans les temps d'infortune lui assure des ressources dans la compagnie des allumeurs. (1)

Le dernier ou le sixième, a dix-neuf ans environ, sa frêle charpente, son menton

(1) On qualifie ainsi ces feints bourgeois acheteurs, qui, debout devant les étalages de rue, font mine d'acquérir, de payer et d'emporter; par là on attire le badeau, le mouton de Panurge.

sans barbe, sa peau pâle et fine, sa petite
taille, le son flûté de sa voix, lui aident
victorieusement à soutenir que loin d'être
conscrit; il entre à peine dans sa dix-sep-
tième année, enfant de bonne maison,
jeté sur le pavé de Paris par un père à
l'égoïsme coupable, Clovis Orrouis qui
avait reçu une éducation soignée, qui possédait un esprit fin, spirituel, observateur;
qui aurait été sage, économe, aimable, a
perdu dans la mauvaise compagnie, dans
la paresse, dans l'incurie, tant de dons
précieux dont il avait été orné en pure
perte; son cœur, peut-être bon et sensible,
se ferma, se roidit. Bien jeune encore il
apprit à ne vivre que pour lui, à ne suivre que son intérêt pour règle unique;
chaque jour sa nonchâlance, en lui
faisant faire un pas de plus dans le vice,
le rapproche insensiblement du crime,
et ce jeune garçon pour qui l'existence
devrait être semée de roses, intrigue, com-
plotte se dégrade et demande ses moyens
de vivre, non à un travail honnête, mais à

une suite de mauvaises actions dont la
dernière lui sera trop fatale.

Seul de tous les convives, il ne loge pas
chez la marquise de Sévigné, il a trop besoin d'indépendance, car il a de telles
cordes à son arc, que nul ne doit avoir
sur lui pleine surveillance, il occupe, rue
Neuve-Saint-Martin n. 38, une chambre
modeste; c'est là son quartier-général c'est
de là qu'il se porte où sa présence est nécessaire, et de tous ses amis aucun ne le connait à fond, et tous sont, sinon ses dupes,
dumoins étrangers à ses actes mystérieux.
Du reste, gai quand son intérêt ne lui
commande pas la réserve, plein d'esprit,
de manière à en revendre, il séduit ceux
qu'il approche mais néanmoins en ce moment un ver le ronge, il a trouvé son
maître ! ou pour mieux dire a rencontré
celui qu'il n'a pu tromper ; mais ceci est
sa propre affaire et ses amis ne savent pas
l'école que sa dépravation dévoilée trop
précocement lui a fait commettre; et certes il n'est pas homme à s'en accuser.

Il était tard et le souper tirait à sa fin,
les chansons les plus lubriques n'avaient
plus de sel pour ces êtres blasés , bien
que la plupart d'eux n'eussent pas atteint la moitié de leur carrière ; on buvait,
mais moins par plaisir que par habitude ;
lorsque la marquise de Sévigné prenant
la parole :

« Or, monsieur, dit-elle en s'adressant
à Robillet nous conteras-tu donc en quel
but, et pourquoi séparant l'aimable société
du beau sexe, tu nous as condamnés
à ne faire qu'un repas de garçons.

— Est-elle bonne la marquise, dit le
jeune Clovis en ricannant

— Il le faut bien, mon bijou, car sans
cela l'équilibre serait rompu, puisque tu
passes aux jupons

— Un éclat de rire général, un éclair
qui s'alluma dans les yeux de Clovis annonça à la maîtresse, que son épigramme
avait frappé droit au but ; mais trop
adroite, bien que déjà sa raison eû disparu à moitié, pour se faire un ennemi

du jeune homme, en redoublant elle reprit son thème premier, et pour la seconde fois interpella Robillet, elle le somma de leur faire connaître le motif de la réunion.

— Ma tante, dit Robillet à la marquise, sœur de sa mère, j'avais voulu vous présenter un de mes amis, jeune homme de belle espérance et qui, revenant des pays étrangers, se dispose à travailler en grand à Paris.

— Est-ce un artiste demanda le vieux Levraut.

— Si c'est un ami de Robillet ce doit être un des nôtres, ajouta le grand Hippolyte.

— Dans ce cas un beau venez-y voir, dit Balthazard en ricannant.

— Il vaudra toujours mieux que toi, pilier de taverne et enfant perdu de Satan, s'écria Robillet en proie à l'un de ses fréquens accès de colère.

— La paix, amis la paix, en présence des

dames, ajouta Levraut, en se levant de son siège comme pour donner plus de poids à ses paroles.

— Des dames, repartit en rugissant l'irrascible Robillet, et où sont-elles, ici ma tante compte parmi les amphybies et je ne savais pas qu'Orrouis fut ici la femme à la mode.

— Le jeune homme encore insulté, se mordit les lèvres et se mit à sourire ; le démon, s'il assistait à ce débat, dût reconnaître avec joie que l'un de ses serviteurs tarderait peu à lui en envoyer un autre.

— Eh bien ? neveu, dit la maîtresse du logis, après qu'elle eut bu un demi verre d'eau-de-vie, pourquoi ton ami nous a-t-il fait faux-bon, viendrait-il par hasard de l'Allemagne, pourrait-il me donner des nouvelles du chaste fruit de mes entrailles, de mon superbe Edmond, digne fils de son père.

— Duquel marquise demanda câlinement Clovis Orrouis.

— Langue de vipère ai-je aimé jamais
que le trompette-major de la garde consu-
laire, ou ce gros boucher de la rue de
Ménard, ou le beau chevalier de Fran-
coni, ou enfin ce conseiller d'état....

— Ma tante se fait orgueilleuse, voyez
où elle va chercher ses amours.

— Mais, très cher camarade, dit Hippolyte en prenant Robillard par sa cra-
vate; est-ce qu'Edmond s'est fait moine
dans son absence, pour qu'en venant chez
sa vénérable mère il ait craint d'y rencontrer Clara, Pomone, Orphanie, Sémiramis.

Un geste de l'interpellé et qui désigna
le vieux Levraut, apprit au questionneur,
à Balthazard et à Clovis, que la venue du
fils de la maison ne serait pas sans mystère; tous cessèrent alors de questionner,
mais la réserve ne fut pas de longue durée : la pendule ayant sonné minuit, le
ponctuel Levraut alluma son rat de cave,
salua poliment et à la ronde l'honorable

compagnie en lui annonçant leur sépara-
tion. En effet, il gagna la porte, dépassa la
salle suivante et on l'entendit descendre
un étage et se barricader chez lui.

# VI

### La Suite d'une partie de plaisir.

> Sur la pente d'un marbre poli, la chute est rapide, elle est plus véloce encore dans le sentier glissant du vice.
>
> — *Recueil de Maximes.* —

Lorsque Levraut eût fermé la porte intérieure de sa chambre, et que le silence régnant de nouveau sur l'escalier, eût confirmé en plein son éloignement, Robillet reprenant la parole.

— Chère tante et bons amis, vous ne m'ôterez pas de l'idée que ce renard-là, n'ait vendu cent fois nos confrères, avec sa mine doucereuse, je le crois encore plus malin que nous.

— Oh! toi, Robillet, je te connais, dit la marquise de Sévigné, tu soupçonnerais monseigneur Saint-Pierre, si vous faisiez un mauvais coup ensemble, voilà vingt-un ans que le père Levraut loge dans ma maison, qu'il s'y est passé des choses bien extraordinaires, qu'il a tout su ou tout vu, et cependant il est encore debout et l'on ne m'a jamais rien dit.

— Soit, répliqua l'opiniâtre neveu, mais en retour de votre maison conservée comme le clapier ou les lapins se réfugient, combien y en a-t-il eu des nôtres encoffrés, saisis à leur sortie d'ici; quoiqu'on dise, quoiqu'on fasse, j'ai mieux aimé, lorsque j'ai su que Levraut souperait avec nous, empêcher mon cousin de venir, que de laisser prendre son signalement par ce vieux rusé.

— Que dis-tu, s'écria Madeleine Miltard, Edmond est à Paris, mon fils.

— Par ma foi! dit Balthazard, s'il a osé y revenir, ce doit être un compère courageux et solide.

— Lui, c'est un César, s'écria Hippolyte.

— Je vous en ai tant entendu parler, dit à son tour le jeune Clovis, qu'il me tarde de m'enrôler sous un si habile capitaine.

— En voilà un qui les fera tous donner au diable, reprit Robillet, tante aimée, tante d'amour, je prends à témoin le diable, que je vous tordrai le col, dès que vous aurez confié à Levraut, que Fritz l'Allemand est Edmond votre fils, voici huit ans qu'ils se sont séparés, Levraut n'y voit qu'à peine, Edmond a grandi de toute la tête, il porte des moustaches, de longs cheveux, chaque fois qu'il viendra ici, il se grimera, se peindra le visage, si bien, que le malin d'en bas, ne soupçonnant rien, n'aura rien à en dire.

— Ce cher enfant, je vais donc le revoir, que j'en suis aise, dit la mère ; Clovis, passe-moi la bouteille, si je ne ranime mon cœur par un peu de vin, il sera tout ému... Mais que vient faire Edmond, tu l'as vu, neveu?

— Procédons par ordre : tante et camarades, le vin est liqueur fade à l'heure de gagner beaucoup d'argent, j'ai porté avec moi tantôt, et j'ai caché derrière cette planche, quatre bouteilles de rhum, que le cousin Edmond envoie à sa chère mère, et que nous brûlerons en l'honneur de son arrivée.

— Le fripon, dit, en pleurant de satisfaction, sa digne mère, il n'a pas oublié la consolation du veuvage.

— Edmond a une belle place, premier valet de chambre d'un prince souverain, d'un Allemand dont le nom s'arrête au gosier, il a bien fallu qu'il l'accompagnât dans ce voyage. Avant hier, tous les deux couchèrent à Paris, et ce matin, Edmond m'ayant envoyé chercher, m'a conté ses aventures, il voulait venir nous voir, il devait souper avec nous, mais moi, instruit que le vieux serait des nôtres, je lui ai donné contre-ordre et il se privera pendant quelques semaines de paraître au logis maternel.

— Je veux le voir, ce bon vieux, cette chère âme de mon âme, que je préfère à un rouleau de parfait-amour à mon premier amant... à mon dernier confesseur..

— Messieurs et mesdames, dit Robillet, en soutenant dans ses bras sa tante ivre comme une bacchante, je vous présente la marquise de la Vigne, dans son dénouement de tous les jours. Holà, oh ! Clara, Pomone, Orphanie, Sémiramis, venez emporter dans sa cellule votre respectable abbesse.

Deux des quatres créatures appelées, répondirent seules par leur présence, et de concours avec une sale alsacienne, fille de service dans la maison, elles emportèrent cet être hermaphrodite, qui dans sa décrépitude, réunissait les vices des deux sexes, qu'elle profana tour à tour.

— Les femmes ne savent pas supporter le vin.

— Orrouis, pourquoi tirer sur tes terres.

— Robillet, dit le jeune homme en grinçant des dents, ne m'oblige pas à te prouver que j'ai plus de cœur que toi.

— Allons, allons, les amis, se prit à dire Balthazard, faut-il ainsi s'asticoter ensemble.

— C'est Robillet qui cherche toujours à m'humilier, réplique Clovis.

— Moi? quelle injustice! j'ai toujours eu le cœur trop tendre pour les femmes à la mode.

On vit, à la suite d'un geste véhément et rapide du bel adolescent, on vit, dis-je, à la clarté de la lampe astrale, briller une lumière qui traversa la table en scintillant, et presque aussitôt un cri aigu fut poussé par Robillet qui se leva, chancela, retomba sur son siége, et alors Baltha-zard et Hippolyte virent avec horreur la main de celui-là percée d'un couteau et attachée à sa poitrine par le couteau même.

— Il m'a tué, s'écria Robillet qui, mal-gré la peur permise dans sa situation, ne pouvant se corriger encore, ajouta : « Le misérable! il m'a tué, c'est sûr, ne m'a-t-on pas dit que je mourrais de la main d'une femme? »

Ce nouveau sarcasme ne toucha point qui il atteignait; Clovis, en frappant le coup terrible, avait cédé à un premier mouvement de colère; mais encore trop jeune et conservant trop encore les souve-nirs de son enfance et de sa bonne édu-cation, il s'épouvantait de son crime, et lui-même ayant le cœur glacé, se laissa choir sur le parquet de sa hauteur.

Le cri poussé par le blessé, les excla-mations des assistans, le bruit que fit Or-rouis en tombant, car il entraîna un coin de la table, et un cliquetis d'assiettes et de verrerie se mêla aux accens humains; tout cela, dis-je, ramena dans la chambre non seulement les trois filles qui avaient emmené la matrone, mais encore les deux autres qui n'avaient point parues; deux jeunes gens les accompagnèrent; l'un, dès qu'on lui eut appris ce qui venait de se passer, s'avoua élève en chirurgie, et, s'approchant de Robillet, se disposa à lui donner ses soins.

Ce disciple d'Ambroise Paré ne laissa pas que d'éprouver une vive émotion à la vue du tableau singulier et sinistre que présentait cette main clouée au corps par un couteau; il jugea la cure des plus graves et eut un instant la pensée modeste de se reculer, de réclamer le secours d'un praticien plus instruit; mais l'amour-propre le rassurant, il porta ses doigts sur le couteau, et un léger mouvement qu'il lui imprima le détacha de la poitrine de Robillet où il n'était entré que de l'ex- trême pointe. Robillet, au moment où Clo-

vis se vengeait, tenait, sans savoir pourquoi, sa main en avant de sa poitrine à
la distance de trois ou quatre pouces.

La force et l'adresse avec lesquelles le
jeune Orrouis avait lancé le couteau, et
celui-ci, dans son vol, ayant rencontré la
main non appuyée, l'avait violemment
ramenée sur le sein; mais cette distance
et la répulsion avaient amorti le choc;
la pointe aiguë s'était enfoncée au travers
des os et des cartilages, puis avait traversé
une épaisse et double bretelle de daim, ce
qui encore augmentant la résistance, à
peine si l'extrémité de l'arme était parve-
nue à s'enfoncer dans la chair; mais comme
les élastiques soutenaient le fer à la hauteur du cœur, les assistans pouvaient bien,
comme le blessé lui-même dans l'émotion
et le trouble de la circonstance, le croire,
ou le présumer, percé de part en part.

Robillet rassuré sur sa vie et comptant
la douleur pour peu; ennemi, d'ailleurs,
comme tous ses semblables, d'un éclat qui
pourrait amener des investigations péril-

euses, préféra se promettre en secret la
vengeance, au lieu de l'aller demander à
la justice, devant laquelle Clovis aurait pu
récriminer, il s'approcha dès que le chirurgien en herbe eut retiré le couteau et posé
un appareil tant bien que mal, il s'approcha, dis-je, de son meurtrier encore évanoui, et, s'adressant à l'assemblée, demanda le secret, promettant à tous de renoncer
à la vengeance.

On lui applaudissait ; les deux étrangers, en raison de cette démarche plus
sage que généreuse, prenant de lui une
opinion meilleure qu'il ne méritait au
fond, le serraient dans leurs bras avec
cette effusion enthousiaste de la jeunesse
fanatique, lorsque Clovis rouvrant les
yeux, les referma, et, poussant un cri
étouffé, se mit à dire :

— Est-il mort ? a-t-on envoyé chercher
la justice ?

— Tu mériterais pire... le mépris des
amis, répondit une voix bien connue dont
le son le rassura subitement, quoi ! tu as-

sassines pour une plaisanterie, poursuivit Robillet; qu'aurais-tu donc fait si la chose eût été sérieuse?

— J'eusse été peut-être plus calme, répartit Clovis en rouvrant les yeux et en employant à propos la supériorité d'esprit que la nature lui avait accordée audessus de ses camarades; mais la calomnie me révolte, et toute la vie je me reprocherai ce mouvement irréfléchi.

— Bien, très bien, jeune homme, dit le compagnon de l'étudiant, et qui comptait *à la Chaumière* parmi les poètes romantiques du lieu, voilà du chevaleresque, du parfait moyen-âge; me permettrez-vous d'être votre ami?

— Quant à moi, ajouta le blessé, je t'assure que je ne t'en veux plus; dorénavant, lorsque je voudrai rire à tes dépens, j'aviserai si tu es à portée d'une arme blanche ou d'une arme à feu.

— Que les amis s'embrassent, cria Hippolyte, afin que tout soit *consummatum est*.

A ces mots les cinq filles sont passées

tour à tour dans les bras des deux étudians
de Balthazard, du donneur d'avis lui-
même ; mais ni Robillet ni Orrouis ne
partagent la commune allégresse. Le premier souffre de sa blessure, le second du
mal qu'il a fait, et un reste de sa vertu
ancienne lui montre la route où il s'engage et les abîmes dont elle est semée ;
une parole vient aussi d'humilier son
cœur : un homme honorable, rempli de
délicatesse et de sentimens qu'un seul désir immodéré de débauche galante a conduit dans ce lieu, qui en peut sortir la
tête haute sans que rien le fasse rougir,
l'a voulu, le veut admettre au rang de ses
amis. En est-il digne ? pourra-t-il, lui, flétrir cette âme noble, ou bien rendra-t-il
ce jeune homme suspect en se promenant
avec lui ? car déjà on le connaît dans la
ville, la police a son signalement, elle
surveille ses actes : déjà un vol commis
dont il était innocent, c'est vrai, mais
dont on l'a cru coupable dans le premier
instant, lui a fait faire un mois de prison ;



7

ainsi, déjà le déshonneur l'environne, le
flétrit... oh! que les remords sont amers
dans un cœur adolescent, quand ils y sont
en lutte avec la bassesse, avec les vices
encore à leur début.

# VII

## Deux Languedociens.

Bien souvent on accorde au souvenir de la patrie, ce qu'on refuserait au sang, au pouvoir à l'amitié.
— *Recueil de Maximes.* —

Parmi la valetaille nombreuse qui remplissait l'hôtel Dutilloy, on y comptait depuis peu de jours un jeune jockey français à tournure élégante, à figure gracieuse.

Le drôle, âgé de dix-huit ans à peine, avait souvent changé de maîtres. Habile à soigner un cheval, à le diriger à la course, non moins plein de dextérité pour remettre un billet ou pour gagner le cœur d'une soubrette revèche, laide ou dévote, Honoré, je le répète, jouissait dans le monde d'une réputation croissant tous les jours. Gascon d'origine et de naissance, né à Saint-Félix, dans l'ancien comté de Caraman, si celui-là ne s'était pas annobli, il avait tâché de se procurer une patrie plus avantageuse ; et, grâce à une mémoire excellente, à la fréquentation de domestiques anglais, à six mois de séjour à Londres, il se faisait passer pour Écossais, et Écossais montagnard encore ; il sortait du clan des Campell-Mac-Grégor ; il était cousin au quinzième degré du fameux Rob-Roy.

Certes, malgré son dandysme, il avait fallu ce tour de passe-passe pour qu'Honoré Mantel, Languedocien pur sang, fût admis dans l'hôtel Dutilloy ; car le sévère

banquier, depuis longues années, attachait un soin extrême à ne pas souffrir
chez lui tout valet, palefrenier, homme
de peine, garçon de bureau, cuisinier, co-
cher, valets de chambre même ; commis,
qui fut né au-delà d'Orléans : la rive droite
de la Loire formait la frontière la plus re-
culée où il permettait qu'on recrutât pour
lui, encore préférait-il à son service les
Normands, les Picards, les Flamands, les
Lorrains, Champenois et Alsaciens : c'é-
tait sa manie perpétuelle, inflexible ; le fils
gâté, Amanieu lui-même, avait dû s'y soumettre ; aussi, lorsqu'il eut enlevé à son
ami intime Honoré Mantel, il le présenta
sans frayeur à son père, car il ne le connaissait que sous le nom étranger de John
Honorate Campell-Mac-Grégor.

Plus les intérêts du jeune et brillant
polisson s'accommodaient de ce changement de patrie, plus l'enfant vif et espiègle
se sentait de l'affection pour la terre natale. L'aspect d'un compatriote lui était
agréable, et son cœur ne manquait pas

de battre lorsque dans la rue deux garçons
tailleurs, en passant auprès de lui, fesaient entendre à son oreille les expres-
sions du patois haut-languedocien sa langue maternelle et chérie.

Or, Honoré Mantel, pour lui donner
son prénom chrétien et son nom français,
se tenait vêtu avec une rare élégance sur
les degrés du vestibule de l'hôtel de
M. Dutilloy, en attendant que son jeune
maître l'envoyât en ambassade chez son
tailleur, le fameux Rouget, lorsque son
sentiment patriotique fut à la fois ému
et vivemement indigné. Le suisse, venu
de Dôle en Franche-Comté, portait, lui à
son tour, une haine invétérée aux descendans des anciens Vascons. Ceux qui cher-
chent les causes des effets ont prétendu
que, dans la campagne de 1814, la femme
de Mathias Sympool (le suisse des Dutilloy)
avait déserté le logis conjugal en la compagnie d'un aimable sergentmajor du centre
et gascon : un an après elle était bien rentrée au gîte, mais ce qui avait dû se passer

durant ces douze mois était demeuré sur le cœur du suisse français comme un poids énorme; et depuis lors il étendait à tous les compatriotes du séducteur la haine que, dans sa justice, il aurait dû réserver pour celui-ci seulement.

Un pauvre diable, âgé d'environ cinquante-cinq à soixante ans, pauvrement vêtu, presqu'en misérable, mais néanmoins avec ses meilleurs habits, insistait pour avoir l'honneur de parler au banquier, près duquel l'appelait une affaire importante qu'il s'obstinait néanmoins à cacher au cerbère inexorable. Celui-ci, menacé d'être congédié depuis plus d'une semaine, et soupçonnant à l'inconnu des projets de remplacement qui auraient lieu à son préjudice, refusait opiniâtrément même la halte dans la cour, et ordonnait une retraite prompte jusqu'au milieu de la rue.

La résistance à cette tyrannie n'était pas moins énergique. Le Gascon, le Languedocien sont gens peu faciles à réduire lorsque leur volonté ou leur intérêt leur commande une démarche quelconque; et celui-là, digne des siens, disputait l'espace pied à pied avec une rare constance. Cependant il aurait été vaincu, car enfin Mathias Sympool était sur sa terre, mais la fortune changea dès qu'Honoré put accourir à l'aide de son compatriote.

— Eh! que faites-vous là, Sympool? dit le jeune valet avec cette supériorité hautaine d'un gentil garçon persuadé de son mérite et qui sait que son maître l'admet aussi : êtes-vous à cette loge pour empêcher d'entrer ceux que là-bas on attend avec impatience? Monsieur Amanieu vous accommodera de bonne façon lorsque je lui conterai qu'à vous seul il devra que ce brave homme ne puisse parvenir à lui.

Le Gascon et le Franc-Comtois écoutaient tous deux, le premier avec surprise, car certes il ne se croyait pas attendu dans l'hôtel, et le second avec cette terreur colérique inspirée toujours dans une bonne maison par le mécontentement que manifeste avec arrogance le domestique favori. Le suisse aurait été trop heureux de contrecarrer le *Goddem*, ainsi que lui et les serviteurs français qualifiaient l'Anglais prétendu; mais se sachant lui, sur son déclin, et trop assuré du crédit ascendant du jeune homme, il fit fléchir son amour-propre devant son intérêt par une capitulation de conscience trop commune aux descendans d'Adam ou de Japhet. En conséquence, adoucissant sa rude voix :

— Eh! sir John, est-ce ma faute si cet homme me parle sans savoir ce qu'il dit? au lieu de me demander monsieur le fils, il s'attache à me demander monsieur le père...

— Qu'importe père ou fils, sait-il s'il y en a deux? quant à moi j'ai mission de l'attendre et de l'introduire, voyez si vous voulez que j'en aille porter plainte à qui de droit.

A cette dernière menace, le suisse de Dôle, encore plus intimidé qu'auparavant, abandonna le champ de bataille, et faisant de grands bras, protestations impuissantes des vaincus, rentra dans sa loge, laissant ainsi le passage au Languedocien.

Dès qu'Honoré se vit seul avec un homme dont l'accent lui rappelait si bien celui de sa chère patrie, il le prit sans façon par le bras, et lui fit traverser la cour, monter le péristile, et quand il l'eut introduit dans le vestibule au pied de l'escalier d'honneur, il l'interrogea tout à la fois, et pour savoir d'où il venait, qui il était et ce qu'il voulait au logis.

— Je viens de loin, lui fut-il répondu; dam! mon pays est dans la Montagne-Noire

— Oh! pas loin de Saint-Félix, de Caraman, peut-être?

— En face, mon gars, tout en face; je suis natif de la commune de Vaudreuil.

— De Vaudreuil! mais, attendez; moi qui vous parle, j'ai une proche parente, ma sœur, et oui, morbleu! ma propre

sœur a epousé à Vaudreuil le nommé Nicolas Rougé.

— Rougé (Nicolas), avez-vous dit; et,
selon toute apparence, il est le fils de mon
cousin-germain Mathieu Rougé, le *faure*
de la commune (le forgeron).

— C'est celui-là même, dit Honoré avec
joie; oh! la bonne chose! nous sommes
presque parens.

— Je ne l'eusse pas cru, répondit le
pauvre homme, et à voir votre habit je vous
aurais pris pour un godan (goddem).

— Ces Parisiens sont si bêtes, répartit
le jeune homme, qu'ils n'estiment que les
étrangers : je les paie en argent de leur
monnaie; mais, mon cher oncle, car vous
êtes trop ancien pour que je vous nomme
mon cousin, à qui en avez-vous? où nous
sommes, apporteriez-vous par hasard une
lettre au fils de la maison?

— Je viens pour mes propres affaires,
et c'est au banquier lui-même auprès de
qui je veux aller.

— Cela ne vous sera pas facile si je ne

m'en mêle; les gens vêtus de votre façon ne l'approchent qu'en lui apportant des sacs d'écus, et si votre escarcelle est vide.....

— Presque à sec, neveu; dam! je ne suis pas riche.

— Tenez, mon *quinque* (oncle, en patois toulousain), voilà trois gros écus d'abord, et j'ai dans ma chambre *quelques rougets* à votre service.

L'étranger repoussa la main d'Honoré, tandis que sa figure exprimait son contentement.

—Fils de bonne mère, dit-il ensuite, oui, certes, nous sommes du même pays, tu es loyal et ne dédaignes pas les parens misérables; mais par bonheur que j'ai prévu une mauvaise saison, et qu'il y a dans la doublure de ma veste de quoi m'empêcher de mourir de faim d'ici à quelque temps ; tout ce que je te demandes, c'est que tu m'apprennes ton nom et que tu me fasses arriver jusqu'au banquier.

— Pour vous, *quinque*, je serai Honoré Mantel, natif du Haut-Saint-Félix, où l'on voit de près les étoiles ; mais si vous avez besoin de moi ici, réclamez le jockey Jonh Mac-Grégor ; ils me voulaient Anglais, je me suis fait Écossais pour leur plaire.

— Puisse-tu rester honnête homme, ce sera là l'essentiel.

— Quant à ce qui est de vous, l'ami, suivez-moi et tentons l'abordage ; que diantre ! pourtant un pauvre diable comme vous a-t-il affaire à un richard comme lui.

— Ah ! ceci n'est pas en entier mon secret, sans cela je te l'aurais appris par récompense ; c'est le tien en partie, et jusque-là...

— Allons, soit, suivez-moi ; je suis peu curieux, et on dit d'ailleurs qu'il ne fait pas bon mettre son doigt dans la soupe du patron : il la sert terriblement chaude à ceux qui lui déplaisent.

— Il est donc méchant et *fortuné*.

— L'un autant que l'autre ; ses gens ne peuvent le souffrir ; quant à sa richesse, on affirme qu'il a au moins *dix millions* de rente.

— Qu'est-ce que des millions? cela vaut-il plus que des francs?

—Ah! par exemple, dix fois cent mille francs font juste un million...

— Miséricorde! et mon fr... et monsieur a tant de bien que cela... je ne m'étonne plus s'il est tellement dur au pauvre monde.

En causant ainsi, les deux Languedociens traversèrent des passages inconnus au public, montèrent un escalier dérobé, et, en pénétrant dans une chambre obscure, parvinrent à un salon dont les ornemens frappèrent à tel point l'étranger, qu'il en resta comme ébahi et ne put s'empêcher de dire à son conducteur :

— Pays, penses-tu que le paradis soit plus beau?

Honoré se mit à rire; puis il instruisit son parent improvisé, que ce lieu précédait le cabinet de M. Dutilloy; que maintenant lui allait se retirer; et, pour cause, il ne voulait pas effrayer le montagnard, en lui faisant part de la colère ou sa présence pourrait mettre le banquier, il se contenta de prétendre que son service l'appelait ailleurs; il ajouta que pour franchir le dernier obstacle, il suffisait de heurter à la porte la plus près; cette dernière instruction donnée il partit rapidement.

Celui qu'il abandonnait à ses propres forces ne se sentit pas plus rassuré; quand il se vit seul, son cœur battit avec une violence extrême, et, au lieu de continuer son entreprise, il s'arrêta :

— Voilà, se dit-il en soi, voilà que la frayeur me gagne... Suis-je bête! est-ce à moi de trembler? ne suis-je pas honnête homme? et celui que je vais voir n'est-il pas mon fr... eh oui! il l'est, la chose est prouvée; j'ai là, dans mon portefeuille, son extrait à lui, Barthélemy; le mien, Nazaire-Félix; celui de notre aîné, Denis-André, et que devant Dieu soit son âme, car il y a long-temps que les poissons de la mer ont fait bombance avec son corps; j'ai en outre les papiers de notre bon père,

de mon excellente mère, leur déclaration;
j'ai encore ici des attestations du maire,
de monsieur le curé, des notables de Vaudreuil, ce qu'ils appellent certificats de
bonne vie et mœurs : le tout visé du sous-
préfet de Castelnaudarry et du préfet de
Carcassonne... Oh! il n'y aura pas à mordre... mais lui, voudra-t-il me reconnaître... dam! pourtant j'ai eu là du bonheur... qui m'en a voulu? qui m'a fait
chasser hier à la Comédie-Française? chacun me faisait bon visage : Nazaire par-ci
et Nazaire par-là; on me voulait du bien, et
ce matin on me chasse; je suis grossier, in-
solent, je manque à tout le monde; un
grand seigneur s'est plaint de moi... ma
fine, je viens trouver mon frère... je lui
dirai Barthélemy, fais-moi rendre ma
place ou donne-m'en une dans ta maison:
je parie que j'y aurai d'assez gros gages
pour enfler le magot et envoyer plus d'un
rouget aux vieux parens; ah! ça me ravi-
gote..... Nazaire le feutier allait poursuivre quand la porte du cabinet fut ouverte

avec fracas, et un homme vêtu d'une robe
de chambre en étoffe cachemire et or
parut inopinément.

# VIII



> Le choix nous donne des amis, le
> hasard nous impose des parens.
> — *Recueil de Maximes.* —

—Quel est le butor qui déclame ici? dit
d'une voix de tonnerre le banquier, j'ai
mille fois défendu à cette canaille de
prendre pour commun mon salon parti-

culier... Oh! oh! en voici bien d'autre, d'où sors-tu maraud, que fais-tu ici... hein!... quoi? pas de réponse, j'y suis, voleur pris en flagrant délit... au secours! au bandit!...

Et M. Dutilloy courant au cordon de sonnette de la cheminée, l'agita si vivement, que de toutes les parties de l'hôtel on accourut à ce tocsin nouveau, mais lorsque la foule se présenta, la scène avait changé de face, l'ampleur des rideaux assombrissait la pièce, Nazaire, le feutier, tournait le d osau jour, si bien que le banquier d'ailleurs emporté par sa véhémence naturelle, avait songé à le punir avant que de procéder à son examen, mais quand l'infortuné eut entendu les dures paroles du loup-cervier, la frayeur des cabanons de Bicêtre le saisissant tout à coup, lui, ne prenant conseil que de son épouvante, s'était rapproché de celui qu'il venait chercher et avec l'accent de la frayeur :

—Barthélemy, mon frère, je ne suis pas

un voleur, je suis Nazaire-Félix Delotry, nos parens se portent bien et tu seras charmé des nouvelles que je t'en donnerai.

La tête de Méduse venait d'être offerte au banquier, un rayon fugitif du soleil avait éclairé un visage trop bien gravé dans son cœur, quoiqu'il eut vieilli, pour n'en perdre jamais le souvenir; d'ailleurs son oreille avait été foudroyée par des paroles positives, que corroborèrent encore mieux les suivantes, quand le feutier, pour se mieux justifier, se déclara propriétaire de tous les titres propres à établir sa filiation.

Cependant, à l'appel impérieux de la nouvelle cloche d'alarme, les chefs de bureau, par politique, les commis par intérêt, les domestiques par crainte, accouraient hâtivement, déjà deux portes avaient laissé passer le vieux Loyset et le jeune Honoré, les autres suivaient en nombre, le banquier comprit le péril d'une explication publique, et prenant rapidement son parti, il dit tout bas à son frère hors de lui.

—Tais-toi fou, tais-toi misérable, si tu dis un mot, malheur à toi! puis, et de sa voix souveraine, Loyset empêchez que, qui que ce soit, fasse un pas de plus de votre côté, toi, John, agis de même et bois ensuite à ma santé..

Un double napoléon accompagna cet ordre du jour, et le flot de flatteurs qui se pressait déjà aux deux diverses entrées, s'arrêta soudainement et rétrograda aussi vite qu'il était accouru à l'ordre suprême qu'on lui intima. Ce premier péril évité, Loyset fut congédié comme les autres, et Honoré devenu homme nécessaire, reçut pour dernier mandat de veiller dans cette salle et d'empêcher âme qui vive de venir troubler le banquier dans son cabinet.

Tout cela disposé, et profitant de la stupeur du pauvre feutier, M. Dutilloy le tirant à lui par la manche de sa veste, le traîna mieux qu'il ne le conduisit dans la pièce voisine, auprès des fenêtres, hors de tout espionnage indiscret; et là, tête-à-tête, avec celui dont la présence lui devenait une torture horrible, il lui dit en le regardant d'une façon à le faire rentrer cent pieds sous terre.

— Butor qui n'a pas le sens commun, quelle lubie te passe par la tête, moi ton frère! moi enfant de Paris ou j'ai tous mes parens, moi qui ne t'ai vu et qui ne veux pas te connaître... tais-toi, car si un mot t'échappe, et je ne veux pas que ta bouche en profère un seul, je te punirai comme tu le mérites; que dis-je, je devrais te châtier, car tu venais en de mauvaises intentions... Silence! misérable... écoute-moi bien, voici douze cents francs en or que je consens à te donner, mais à condition qu'après demain, au plus tard, tu sortiras de Paris, d'où tu n'approcheras désormais de cent lieues au moins, donne-moi ton adresse, je t'enverrai un surveillant qui t'apportera encore d'autres douceurs et qui me répondra de toi, car il ne te quittera plus qu'après la sortie de

cette ville, si tu me refuses, si tu t'obsti-
nes à demeurer ici, sois assuré qu'avant
une semaine, tu dormiras au fin fond d'un
cachot, maintenant réponds, mais par un
seul mot, dis oui ou non ; et songes que le
non te perd à jamais.

— Oui, mon frère, répliqua tout tremblant l'infortuné Nazaire Delotry, tout
consterné de cet accueil odieux, et ne
concevant pas comment le cœur du banquier restait sourd à la voix du sang et à
l'impulsion sacrée de la nature. Comment
désormais oserait-il plaider sa propre
cause, se maintenir dans un lieu qu'on
lui interdisait avec tant d'éclat ? D'ailleurs, les douze cents francs qu'on lui
remettait, ce qu'on lui annonçait encore,
ne suffisaient-ils pas à rendre moins
amers les jours des deux vieillards ? Eloi-
gné d'eux depuis douze ans, époque dernière qui l'avait vu en visite à Vaudreuil,
il avait cessé d'avoir de leurs nouvelles, se
contentant, avec sa simplicité native, de
leur faire tenir de loin en loin ses petites

économies par des amis communs, ou quelques gens de qualité des environs.

A peine Nazaire Delotry eut-il répondu selon le désir de son frère, que celui-ci se rapprochant de la porte appela le jockey et lui mettant dans la main une seconde pièce d'or,

— Mon gentil garçon, lui dit-il en secret, ma philantropie ne me permet pas de faire punir ce misérable, mais aussi vrai que le soleil nous éclaire, je l'ai surpris me volant. Touché de compassion et du désespoir de sa nombreuse famille, je veux bien le faire évader, prends-le sous ta surveillance, ne lui adresse aucunement la parole, afin de mieux lui prouver ce que ton âme honnête ressent d'une telle conduite; mais vas jusques à sa demeure, prends-en le numéro, et cela fait reviens me rendre compte de la mission dont je te charge, souviens-toi qu'il vaudrait mieux pour toi être fouetté jusqu'au sang chaque jour de ta vie, que de te lier avec lui d'aucune façon.

Honoré surpris de ce que qu'il venait d'entendre, ne soupçonnant pas le banquier de calomnie, souffrait à part lui d'avoir introduit cet homme dans l'hôtel, et plus encore d'être son allié, aussi répondit-il avec une sincérité manifeste qu'il se conformerait aveuglément aux volontés de M. Dutilloy. Celui-ci, charmé d'avoir si bien réussi, revenant à sa victime, ne craignit plus de lui dire tout haut :

— Quant à toi, drôle maudit, je te pardonne, mais si tu contes des mensonges à ce jeune homme qui me répétera tout, sois assuré que je tiendrai, moi aussi, ma dernière parole... John, il est inutile de sortir par la grande porte, voici la clef de la petite grille du jardin, prends cette route, et ne souffles mot dans l'hôtel de tout ceci, allez.

Satisfait de la tournure que prenait cette mauvaise affaire, Honoré se hâta de prendre durement la main de Delotry et de le conduire par d'autres passages. Pendant ce temps le banquier écrivait sur

une carte qu'un garçon de bureau porta
en hâte au caissier Loyset, la phrase suivante : *Avant deux heures écoulées, j'ai besoin de parler à Levraut.*

Les deux Languèdociens étaient arrivés
sur le boulevard que ni l'un ni l'autre
n'avait rompu le silence. Vingt fois l'adolescent avait eu l'envie de reprocher à
son compatriote le déshonneur du pays
commun, mais le dépit d'avoir été trompé
d'une part et les injonctions du banquier
de l'autre, lui interdisaient tout propos
périlleux. La réception qui lui avait été
faite, l'oubli des parens dans son coupable frère et la perte de ses propres espérances rendaient les pensées de Nazaire fort mélancoliques.

Tous deux cheminaient comme deux
chats fâchés, mais parvenus vers les bains
Chinois, Nazaire ne pouvant vaincre sa
colère et curieux de se relever devant
Honoré, dont les manières méprisantes lui
devenaient pénibles, il s'arrêta, le regarda

avec bonhomie et poussant un soupir profond,

— Mon pauvre neveu, je n'ai guère de bonne chance.

— En vérité, pays, je vous conseille de vous plaindre, répartit Honoré dont l'impétueuse humeur oublia dès les premières paroles les injonctions du banquier, rendez plutôt grâces à Dieu qui vous a fait trouver mon maître dans un bon moment, il en est tel autre où il vous aurait fait prendre tout d'abord.

— Toi aussi, parles comme lui, est-ce qu'on punit en France les honnêtes gens quand ils n'ont aucun reproche à se faire ?

— Aucun reproche ! Auriez-vous, pays, la conscience assez large pour qu'elle ne s'inquiète que du mauvais coup consommé ?

— Du mauvais coup !... moi !... j'en deviendrai imbécille, c'est sûr. Dis-moi, neveu, est-ce donc à Paris un crime que d'aller solliciter la protection d'un parent riche et puissant?

— Non certes, mais c'en est un lorsque sous un prétexte quelconque, on entre dans une maison pour la dévaliser comme tantôt vous avez voulu faire dans la nôtre.

A cette accusation inattendue, l'honnête Languedocien poussant un cri d'horreur somma le jockey d'expliquer son langage. L'autre ne se fit pas prier pour lui répéter les propres paroles du banquier: à mesure que le frère infortuné les entendait, un désespoir énorme s'emparait de lui, et quand Honoré eut achevé, lui levant les mains au ciel.

— Par Notre-Dame-la-Noire de Toulouse! par le sacré saint-suaire de Carcassonne, je jure en engageant le salut de mon âme, que ce n'était pas la pensée de commettre une action honteuse qui m'avait amené chez mon fr... chez ton maître; j'y suis entré le cœur pur, j'en suis sorti de même et à preuve que je ne venais pas le voler c'est que lui-même vient de me remettre ce rouleau d'or, où il m'a dit qu'il y avait douze cents francs, reprends-le, rapporte-le lui et s'il ne te dit pas que je suis propriétaire de cette somme par ma volonté, puisse la foudre du ciel tomber sur moi et m'anéantir.

— Il m'aurait donc fait un conte le patron, et dans quel but.

— Dans celui de te tromper et de me perdre. Ah! si je pouvais tout te dire! mais non, si tu étais indiscret, toi et moi serions perdu.

— Une telle menace ne me porterait pas à être babillard... mon quinque, pour la gloire du pays, pour ma satisfaction et pour que je ne me reproche pas d'avoir amené un filou chez ceux dont je mange le pain, ayez en moi de la confiance, ma discrétion ne vous manquera pas.

— Eh bien! reprit l'interpellé qui brûlait de punir un frère doublement coupable. Tu ne te doutes pas Mantel, chez qui tu sers?

— Chez un homme d'une fortune pro-
digieuse.

— Chez ton oncle, si tu es mon neveu,
car le banquier Dutilloy est, en réalité,
Barthélemy Delotry, mon indigne frère.

— Votre frère, votre frère! répéta plusieurs fois le jockey, tant la nouvelle lui
paraissait à la fois incroyable et bouffonne,
allons mon oncle de hasard vous délirez.

— Il me sera possible de te prouver
victorieusement ce que j'avance, répondit
l'ex-feutier, qui en s'éloignant du banquier sentait renaître son énergie, et pour
cela faire, je n'aurai pas besoin d'aller en
Languedoc. Tiens, enfant, voici son acte
de baptême, le mien, sa lettre à notre
père. Quand il lui fallut avoir son consen-
tement, et ce fut la seule fois que le méchant pensa à la famille, et encore se pré-
senta-t-il comme un pauvre demandant
l'aumône, si bien que notre père lui envoya vingt beaux écus, et notre mère sa
belle robe de noces, pour qu'elle servit à
sa femme. Voici les certificats, attestations

des gens du pays de la haute noblesse qui
tous nous connaissent, des Najac, des La-
mothe, des Séverac, des Saint-Félix, des
Vendomois de Milhas, des Tréville, des
Combalzonne de Castelnaudarry , des
Voisins, des Rigaud, des Davessens...

—Eh! mon oncle, mon vénérable oncle,
reprit Honoré, en voulant l'embrasser,
sauf à faire rire les passans, voici trois
signatures, celles de ces messieurs de
Saint-Félix qui me sont bien connûes et
qui valent mieux pour moi, tant j'ai confiance en leur muet honneur, que toutes les
inculpations des banquiers et loups-cerviers de la capitale, je tombe de mon
haut, moi, cousin de mon jeune maître,
moi, neveu du superbe banquier....

— Si tu parles, il nous tuera.

— Je l'en crois capable, aussi je me
tairai ; mais vous, qu'allez-vous faire ?

— Lui obéir et m'éloigner d'ici, que
ferais-tu toi....

La conversation continue avec une confiance réciproque, les deux parens se pro-

mirent secours réciproques et confiance complète. Ils arrivèrent ainsi jusqu'au n. 189 de la rue Beaurepaire, là, l'ex-feutier des Français occupait une mansarde dans la maison en appartenance à la femme Madeleine Perpétue-Miltard dite la marquise de Sévigné, là ils se séparèrent, en se promettant de se revoir, pour peu que le bon Nazaire se put débarrasser du surveillant dont on l'avait menacé.

Ce même jour, et vers les cinq heures du soir, le sieur Levraut, avec lequel nous avons déjà fait connaissance, pénétra dans le cabinet du marquis Dutilloy, sous la protection puissante du caissier Loyset qui l'ayant conduit sur le seuil de la porte du sanctuaire de l'agiotage, se recula respectueusement, et partit non sans avoir tenté toutes les voies possibles de deviner les secrets que son patron lui cachait obstinément.

Dutilloy écrivait, il jeta un coup-d'œil sur le survenant, et puis trempant sa plume dans l'écritoire, se remit à barbouiller du papier. Pendant ce temps, le petit vieillard à l'œil unique prit du tabac en ayant soin de ne pas faire crier sa tabatière, se moucha presque incognito, et vérifia chaque objet de luxe ; sa patience pourtant touchait à son terme, lorsque Dutilloy tout à coup prenant l'initiative le salue d'un : bonjour Levraut.

— Enfin, lui fut-il répondu, monsieur, après tant d'années se ressouvient d'un ancien serviteur.

— En avais-je besoin, ne t'ai-je pas payé ce que tu as fait pour moi ?

— Avec générosité.

— N'aurais-tu pas été au pilori et plus loin encore sans mon crédit ?

— La mémoire de monsieur est infatigable, mais pense-t-il que l'on conserve ; avec desir de le rendre, la pensée du service reproché avec affectation.

— Bien, bien, Levraut, je me rappellerai toujours que tu es inappréciable, aussi me deviens-tu nécessaire une seconde fois.

— Dites, monsieur, une trentième! est-ce qu'ici j'aurais plus de mémoire que vous.

— Soit, je mets au même niveau ton zèle et ta fidélité, nous nous sommes vus en des jours difficiles, aujourd'hui il n'est question que d'une niaiserie.

— Mais encore, qu'est-ce, monsieur le banquier?

—Il y a de par le monde, à l'adresse que voici, un individu qui répond au nom de Nazaire Delotry, paysan de naissance, il a été tour à tour domestique, piqueur, commissionnaire, homme de peine, que sais-je, ces jours passés il était feutier à la Comédie-Française, aujourd'hui il n'est rien, mais sa présence à Paris m'est insupportable, je veux qu'il en parte et cela après-demain au plus tard, il y consent, je le mets sous ta tutelle, quitte le peu, veille sur lui, empêche-le de bavarder, chacune de ses paroles que tu repousseras dans sa poitrine je te la paierai une pièce d'or.... Mais à propos, autrefois tu connaissais des gens de cœur prêts à tout faire, de jolis garçons sachant au besoin ouvrir une serrure, enlever une cassette dange- reuse et en un cas désespéré capables d'at- tendre nuitamment au coin d'une rue... ces chers amis t'ont-ils donc tourné le dos ?

— Eh ! monsieur, dans ce monde qui va, qui vient; les prisons, les bagnes nous ravissent des sujets très précieux; cepen- dant l'inconduite des femmes dépravées, la débauche, la paresse nous en envoient toujours quelqu'un; monsieur aurait-il besoin d'un brave, j'en ai quatre à ses ordres qui travaillent, et quatre apprentis qui promettent d'être des ouvriers.

— Qui sait, reprit le banquier, nos opérations offrent tant de chances, peut- être que plus tard.... en attendant prends avec ce chiffon qui a cours à la Banque, cette adresse et reçois mes instructions.

Le petit vieillard jetant machinale- ment les yeux sur le papier qu'on lui présentait, lut : *Nazaire Delotry, homme de peine, rue Beaurepaire, n. 189.*

— Oh! oh! dit-il, à part soi c'est mon commensal de la grande mansarde, la course à faire pour aller à lui ne sera pas longue, tant mieux, il est inutile que Dutilloy le sache et s'il le savait cela me nuirait aussi.

# IX

## Un Prince allemand, un Marquis et pair d'Angleterre.

La noblesse n'est jamais plus profondément adorée, que par ceux
qui ne cessent de jurer après elle.
— *Recueil de Maximes.* —

— Tu es, Arsène, sous une heureuse
étoile, disait l'avocat Rumbel à son fils au
moment où il apprenait que le ministre
de la justice, loin d'être fâché de la perte

de son procès, venait magnanimement d'engager à dîner le défenseur habile et intègre de ses neveux. « Mais, mon fils, comment conduiras-tu ta barque si tu la heurtes contre chaque écueil? naguère tu pouvais me faire obtenir la députation de mon collège, procurer à ton beau-père la charge de directeur du commerce et des manufactures, qu'il eût rempli avec ce désintéressement qu'on admire en lui; toi, enfin, tu aurais paré ton habit de ville ou la robe du palais de la croix d'honneur, que dis-je, tu aurais endossé la robe rouge et maintenant tout cela s'est évanoui.

— Mon père, répondit Arsène, vous le savez, nous ne pouvons nous entendre, ma conscience et ma boussole ne sont pas la règle suivie dans ce monde où l'on songe trop à soi pour s'inquiéter si les autres souffrent ou non de ce qui nous détermine.

— Que te dira tantôt le ministre?

— Ce qu'il voudra.

— Comment t'excuseras-tu envers lui.

— Et de quoi, mon père, j'accepte son invitation.

— Mais du procès...

— Ah! je vous en supplie, changeons de propos ou je sortirai.

Un domestique annonça presque à la fois Amanieu Dutilloy et le vicomte Eugène de Nébuzan, celui-ci, jeune homme d'environ vingt-quatre ans, brillait de tous les charmes d'une physionomie noble et expressive, d'une taille élégante, d'une chevelure brune merveilleusement frisée et en contraste charmant avec des yeux bleus, sachant exprimer tour à tour les sentimens de l'amitié, de l'estime et de la reconnaissance; ses jambes auraient pu servir de modèle, ses pieds, ses mains étaient à l'avenant; ne voyant pas Rumbel père et apercevant le fils qu'il venait chercher, il courut à celui-ci après avoir fait, avec Amanieu, un échange de serrement de mains et ouvrant les bras afin d'y presser Arsène :

— Mon excellent ami, lui dit-il, votre conduite est admirable ; il existe donc encore des hommes qui, pour obliger, n'attendent pas qu'on se soit humilié devant eux ; hier j'étais pauvre et vous me sauviez de la prison, et, par cette démarche généreuse, vous arrachiez ma femme à un atroce désespoir ; aujourd'hui félicitez-nous : une tante qui nous est commune, car elle et moi sommes cousins-germains, vient de décéder en Angleterre, me laissant une pairie femelle et quinze cent mille francs de rente pour en supporter le fardeau ; vous êtes le premier à qui j'ai appris cette nouvelle ; je vais aller, cher Amanieu, la communiquer aussi à vos parens.

Arsène ressentit une satisfaction bien vive du bonheur de son ami : l'avocat Rumbel, à la vue de ce grand seigneur improvisé, et, se rappelant ses projets hostiles de la veille, en ressentit tant d'humeur et de mécontentement, que saluer le vicomte fut tout ce qu'il put faire ; en-

suite il partit laissant les trois jeunes
gens ensemble. La conversation roula
sur les futilités du jour; plus tard, quand
ils se séparèrent, Arsène fût se faire ha-
biller par son valet de chambre dont il
consultait le goût dans les grandes occasions. Amanieu partit entraîné pour le
bois de Boulogne, où il verrait à son
arrivée le retour des habitués; et l'ex-
commis Eugène, aujourd'hui le marquis
et pair d'Angleterre, vicomte de Nébuzan, s'en alla de toute la vitesse de deux
chevaux traînant une calèche divine, porter sa douleur d'héritier chez les Dutilloy.

Le salon de la banquière, vers quatre
heures de l'après-midi, était encombré
de visites du matin; la jolie duchesse de
Valbreuse, si mignonne de sa personne et
si respectable par son titre datant d'autrefois, était venue voir Tècle son amie de
couvent. La comtesse de Rossailly, femme
d'un général de l'empire, était là pareil-
lement avec sa belle-sœur, la baronne

Calmont, veuve d'un préfet de la même époque; la marquise de Bresserain, son féal époux, pair de France à vie; le conseiller Solichod, le maître des comptes Tinadol, grossissaient la foule; augmentée de dix à douze de ces visages qu'on voit partout et qui ne disent rien, le commandeur de Vorène n'y manquait pas; et, ce qui ajoutait à la joie passionnée de la banquière, c'était la présence de S. A. S. le prince souverain Christian de Morgteinsten.

Si des yeux noirs, vifs, couronnés de sourcils épais, un nez à la romaine légèrement ondulé vers le milieu, une bouche grande, mais fraîche et parée de dents d'un émail éblouissant; si une peau légèrement brunie contre la nature allemande, des *couleurs fraîches*, des cheveux noirs tombant en boucles sur le cou; si une haute taille, une expression impérieuse, des formes d'une régularité à désespérer autrui; si, dis-je, ces avantages composent l'ensemble voulu pour proclamer un homme du grand monde, le prince les possédait au plus haut degré, surtout si à ses qualités physiques on joignait un courage à l'épreuve, les habitudes d'un grand seigneur, une conversation moins instructive peut-être qu'originale et où l'on tardait peu à reconnaître le caractère vagabond d'un personnage qui, ne pouvant se fixer nulle part, avait, à vingt-cinq ans, parcouru à diverses reprises les quatre parties du monde.

Mais rien de ce que je viens de dépeindre n'était complet : le visage couturé en plusieurs places prouvait sans doute d'une bravoure entière, mais enlevait quelque chose à la pureté des contours ; une flamme ardente, maligne, irrascible, brillait dans des yeux éteints parfois, alors mornes, tristes, étonnés ; un tic désagréable et qui se répétait souvent procurait à la bouche une expression disgrâcieuse.

D'une autre part, tant que le prince se surveillait, tant qu'il se maintenait dans une solennité convenable, ses manières

étaient parfaites, ses propos exquis et du
meilleur ton; mais lorsque par degré
Christian de Morgteinsten s'abandonnait
à son laisser-aller, à sa gaîté, à une familiarité malséante, alors on ne le reconnais-
sait plus : sa voix, ses propos, ses façons
d'agir, ses gestes, prenaient un abandon,
une trivialité extraordinaire; le grand
seigneur disparaissait et laissait à sa place
ce qu'en France la bonne compagnie appelle avec dédain un bellâtre de mauvais
ton.

En un mot, il y avait en lui deux hommes bien tranchés, absolument dessinés :
l'un était fait pour parer une cour de sa
présence; l'autre, que la bassesse de
sa conduite et de ses discours devait
faire rejeter parmi la canaille; ce contraste étrange n'était pas aperçu d'abord,
et son luxe, son air, la somptuosité de sa
maison, de ses équipages, le jeu excessif
qu'il jouait, tout commençait par jeter de
la poudre aux yeux; et peut-être, lorsqu'on parvenait à le connaître à fond,

é##-il trop tard pour se débarrasser de lui sans en avoir un sujet de plainte.

Du reste, ce que je dis ici, nul encore ne le voyait chez le banquier. Madame Dutilloy, charmée d'ouvrir la société de Paris à un personnage si éminent, se montrait fière de la préférence que le prince lui accordait. Présenté tout nouvellement à la maison, il y revenait deux fois par jour; il y avait diné la veille de celui-ci, il y reviendrait le lendemain encore; le banquier avait accueilli avec un empressement mêlé d'orgueil la demande que Morgteinsten avait faite de le conduire à la Bourse et d'être son pilote sur cette mer orageuse.

On causait ce matin d'une belle Anglaise remarquablement belle. Oui, se mit à dire le général Lastolh, elle est charmante, mais convenez, messieurs, que sa couronne de pairesse de la Grande-Bretagne relève tristement ses attraits.

— C'est donc quelque chose que de prendre place dans la chambre haute de l'Angleterre, dit un petit bourgeois faufilé parmi ces illustrations de l'époque, grâce à quinze cent mille francs dont il avait déposé les fonds chez le banquier.

Une huée universelle de railleries s'éleva soudainement autour de lui, et le marquis de Bresserains, pair de France de la dernière fabrique, et par conséquent, mieux que tout autre contraint à avoir de l'humilité, prenant la parole répliqua :

—De même que le soleil brille entre les étoiles, de même les pairs anglais dominent sur toutes les chambres hautes du continent, je ne connais en Europe aucune dignité qui ne lui soit inférieure.

—Est-ce donc bien vrai, marquis ? demanda madame Dutilloy ?

—Si vrai, *ma noble* amie, que je troquerais ma couronne de marquis français contre le cercle de baron britannique. Un marquis anglais est depuis la révolution fort supérieur dans l'opinion publique à un de nos ducs pairisés.

Les capables de la compagnie convin-
rent du fait, et le prince Christian avoua
qu'il n'était pas un prince du feu Saint-
Empire qui ne changeât sa poupre avec
un titre de pair à Londres.

Dans ce moment on annonça le vicomte
Eugène de Nébuzau. A ce titre, à ce nom,
le cercle s'entr'ouvrit, les yeux furent
tournés vers la porte, tandis que la maîtresse de la maison, restant immobile sur
son siége, dit à la duchesse de Valbreuse,
au marquis et à la marquise de Bresserain,
mais assez haut pour que la moitié des
élus pussent l'entendre :

— Plaisant vicomte, un pauvre diable
qui meurt de faim et qui est commis de
mon mari à six cents francs de gage.

Cependant le vicomte était entré. Son
grand air, sa noble aisance prévenaient
déjà en sa faveur. La confidence maligne
de la maîtresse du lieu contrebalançait
à peine la bienveillance qu'inspirent toujours des manières élégantes. Elle s'en
aperçut, et choquée de voir sur la poi-

trine de son subordonné deux diamans qui, s'ils eussent été réels, croyait-elle, auraient valu une somme énorme, elle ne put résister à la mauvaise pensée de l'affliger en l'humiliant, et elle lui dit aussi haut que possible :

— Eugène, vos boutons ont bien dû vous coûter un louis, ils jettent des feux comme des diamans véritables.

— Aussi madame en sont-ils, à moins que Bast ne m'ait trompé, ce qui est impossible, tous les deux m'ont coûté chez lui, hier, soixante-neuf mille sept cents francs.

—Est ce possible, reprit la banquière dont la mauvaise humeur commençait à percer, est-ce avec les six cents francs que nous vous donnons par an que vous faites de pareilles emplettes ?

—Ce serait difficile, répliqua le vicomte avec un redoublement de modestie; mais la mort de la tante de ma femme, la marquise pairesse d'Angleterre, Emma Lubristha, qui nous a laissé indivis sa pairie femelle, a ajouté quinze cent mille francs de rente aux six cents que je tenais de M. Dutilloy, et que je payais certes bien par un travail forcé de quatorze heures par jour.

— Vous êtes marquis et pair d'Angleterre, s'écrièrent de toutes parts les individus qui tout à l'heure encore avaient évité les regards de M. de Nébuzan, et qui, instruits de sa nouvelle et radieuse position, se hâtaient de l'en féliciter avec ce feu, cette sincérité si communs dans le monde, et auxquels tant de dupes se laissent prendre encore.

— Quoi! monsieur Eugène, dit avec une joie sincère la duchesse de Valbreuse, ma bonne Hélène sera donc à sa place! que je lui en veux de m'avoir laissée dans l'ignorance de sa bonne fortune.

— Ne l'inculpez pas, madame, nous savons d'hier la mort de ma tante, et ma femme est chez vous pour vous tout conter, elle tardera peu à venir ici me rejoindre, car elle sait aussi ce qu'elle

doit à l'amitié de mademoiselle Tècle.
Celle-ci exprima avec autant de franchise que la jolie duchesse le plaisir que lui faisait éprouver le bonheur de son amie. Cependant les flatteurs encerclaient le futur marquis et pair anglais dans leurs adulations basses et ignobles; il ne voyait que des visages rians, n'entendait que des exclamations obligeantes. La seule dame du logis restait pâle, immobile, muette sous la violence du coup qui la frappait. Sa mémoire, non moins cruelle que le reste, lui retraçait mot à mot la conversation qui avait précédé la venue du vicomte. Cette reconnaissance éclatante de là suprématie de cette pairie d'Angleterre sur celles du continent, suprématie due non à sa haute noblesse, à l'ancienneté des familles qui la composent, presque toutes sortent du commerce et des époques modernes, mais en ce qu'elle occupe un rang majeur dans l'état, que ses honneurs sont solides, que ses membres surtout possèdent des fortunes immenses,

Assurément, en 1789, encore nul duc et pair français n'aurait envié le manteau britannique. Les événemens ont, par une marche opposée élevé l'institution d'outre-mer et rabaissé la française ; enfin, en 1830, en lui enlevant l'héridité, chez nous on a prorogé la ruine et la dégradation de la pairie française.

Mais ce n'était pas en citoyenne que madame Dutilloy souffrait alors, son amour-propre, sa vanité, avaient reçu un coup mortel ; quoi, cette jeune, jolie, adorable vicomtesse de Nébusan que l'on punissait de son âge, de ses charmes, de son esprit de la longue suite de ses ayeux en la traitant en demi-grisette parce que son mari était commis à cinquante francs par mois, dorénavant et sans préparation aucune, par une transition foudroyante, il faudrait, non seulement la mieux traiter avec condescendance, mais encore lui rendre forcément des honneurs, des égards qui lui seraient dûs et qu'on ne lui disputerait, ou ne lui refuserait qu'en se rendant soi-même ridicule, c'était la chose propre à désespérer les petites âmes, à les plonger dans une mer d'angoisse et de dépit : celle de la banquière était du nombre.

Pourtant, il fallait finir un silence d'abord risible et qui, plus prolongé, deviendrait dangereux. La plupart des pairs anglais en séjour à Paris tenaient leurs fonds chez Dutilloy, et manquer à l'un d'eux pourrait bien nuire à la maison. Cette raison d'argent, corroborant les autres, détermina la femme faible et vaine à dépasser les bornes, selon l'usage; car lorsque l'orgueil se met à faire de la bassesse, il ne s'arrête que lorsqu'il est descendu dans les profondeurs du bourbier.

Or, les félicitations exagérées, en contraste si complet avec la mauvaise humeur qui plissait le front et assombrissait les yeux, prêtait à la malignité de la compagnie qui eut encore mieux à rire lors de l'entrée théâtrale du banquier, qui venait d'apprendre dans son cabinet, par

son premier chef de bureau, la bonne
fortune du commis. Soudain, prenant
son parti en brave, il se mit à écrire quelques lignes, les signa, et le papier à la
main, entra dans le salon où la société
était réunie, brusquant les révérences, les
poignées de main, les complimens, il ma-
nœuvra de manière à arriver si à propos
sur le vicomte de Nébusan, que celui-ci
ne put le prévenir, et Dutilloy, aussitôt
prenant la parole et grossissant sa voix:

— Mon cher vicomte, vous savez combien vous m'êtes cher et combien je vous
estime, enfin, je peux vous en donner la
preuve, je vous attache à mon cabinet
particulier en ma qualité de secrétaire-
général, et avec deux mille quatre cents
francs d'appointemens.

Et en achevant, le banquier promena
sur le comte un regard de triomphe, regard qui semblait dire: que vous semble,
ne suis-je pas le dieu de la vertu et de la
bienfaisance. Le triomphe fut court, M.
de Nébusan avec un aplomb parfait, paré

d'un sourire de malignité transparante, riposta chaudement au décret de promotion.

— Ah! cher Dutilloy, ne vous contentant pas d'être le plus fin, vous tenez en outre à passer pour le plus facétieux des hommes, et la plaisanterie de ma nomination, vient en preuve à ceci, mais croyez que me jouer est difficile; avant d'entrer chez madame Dutilloy, je suis passé au bureau de mon chef, M. Chollet, et là, lui-même, en me complimentant ne m'a pas laissé ignorer qu'il sortait de votre cabinet et que vous teniez de lui mon histoire complète; eh bien! ne riez-vous pas? ah! je vous dépiste, vous, mon maître, au demeurant, je vous remercie à haute voix, de vos bontés passées et vous invite après demain, et sans cérémonie, à un déjeuner de garçons, où j'appellerai tous les pairs de la Grande-Bretagne, mes collègues, qui sont à Paris.

Ce dernier et double coup de massue, cette démolition jusqu'aux fondemens de sa générosité factice, frappèrent péniblement le cœur des deux époux, qui l'un et l'autre ne purent se dissimuler le rôle sot qu'ils jouaient dans cette circonstance; et chose que reconnaissaient et dont ricanaient, à part soi, leurs nombreux et véritables amis. Aussi, pendant le reste de la journée, le mari se maintint en forme dans des prétendus calculs de banque et la femme accusa de son humeur morose, ses nerfs agacés et le retour fatal de ses vapeurs.

# X

## Comment se retourne le Serpent vaincu.

> Quand le méchant fait le bien, croyez
> que c'est au profit d'un crime.
>
> — *Recueil de Maximes.* —

Il est plus facile, dans nos temps modernes, de bâcler une constitution, d'improvi-
ser un gouvernement, de s'enrichir, enfin,
soit en faisant jouer le télégraphe, soit
en groupant des chiffres, soit en payant

à l'étranger ce qu'on ne lui doit pas, que de recomposer la majesté du trône, que d'investir de dignité et de respect les agens du pouvoir ; il ne suffit pas de prendre un homme quelconque, de le vêtir d'une simarre, ou de lui faire endosser un habit brodé, de lui donner des attributions despotiques, des traitemens démesurés, de l'installer dans un hôtel magnifique, en l'investissant, enfin, de tous les moyens possibles de séduction, pour le rendre honorable, pour faire de lui l'homme de la nation et celui dont elle ne parle qu'avec enthousiasme et vénération.

Autre chose lui est nécessaire, le personnage, pour monter à la hauteur de son poste, a besoin d'y continuer sa vie antérieure et non de commencer à y jouer un rôle appris, chaque matin, pour être débité le long de la journée. *Tant vaut l'homme, tant vaut la terre*, dit le proverbe, et il a raison ; tout avocat, parce qu'il a eu deux visages, ne convient pas à

la charge de garde-des-sceaux, et lorsque dans une carrière quelconque il n'y
a rien de surhonorable, lorsque, pour
parvenir à ce poste éminent, on donne
un démenti à tout une existence passée,
on est bien de fait, ministre de la justice;
mais qui vous connaît vous méprise, et
ne peut, en vous abordant, vous récompenser de ces respects légitimes, que nul
ne refusera aux Lhôpital, aux d'Agues-
seau, aux Malesherbes.

Ces réflexions étaient celles que faisait,
et avec plus de sévérité peut-être, l'avocat Arsène, invité à diner à la chancel-
larie de France, pendant le trajet qui séparait sa maison de la place Vendôme.
Que lui voulait le ministre ? pourquoi cher-
chait-il à voir un homme qui venait de
le combattre et de le vaincre dans ses plus
chers intérêts. L'homme en place comp-
tait-il en appeler, se flattait-il de séduire la
Cour de cassation, et dans ce cas désire-
rait-il que lui, Arsène, abandonnât la suite
de la défense ; ceci était peu probable,

mais le champ des conjectures est vaste, et quand on l'a ouvert, les imaginations ardentes sont long-temps à le parcourir.

La journée d'une des dernières semaines du mois d'avril était belle et singulièrement échauffée des rayons d'un soleil pur reprenant sa lumière et sa force ; les arbres précoces étaient chargés de feuilles, et Arsène ne trouva pas étrange qu'un huissier de la chancellerie lui proposât d'aller attendre, dans le jardin, la réunion des autres convives ; il s'y rendit ; et en conformité de son humeur mélancolique, il gagna une allée sombre et cachée ; à peine y était-il, lorsqu'à l'autre extrémité, apparut sa ci-devant excellence ; aujourd'hui, pour vous et pour moi, s'il nous plait, *monsieur le garde-des-sceaux*, tout court.

Le grand personnage, ce qui ne veut pas dire le grand ministre, s'avança d'un air composé mais gracieux, et, prenant la main du jeune homme, lui dit, avec une affabilité généreuse, dont Satan n'eût pas été dupe.

« Le Roi, monsieur le docteur Rumbel, le Roi, protecteur de tous les mérites, a depuis quelques temps les yeux ouverts sur vous; je ne me targuerai pas d'avoir cherché à le maintenir dans ces dispositions; car, franchement je vous en veux, et vous m'avez traité en ennemi, moi qui aurais tant tenu à compter au rang de vos affectionnés; ne me parant pas d'une magnanimité qui n'est plus dans nos habitudes, je n'ai rien fait pour vous, ni rien contre, non plus, et me suis maintenu dans une neutralité bienséante; mais, je vous le répète, on a tant parlé de vous à sa Majesté, on a tant loué l'art avec lequel vous avez fait une bonne cause de celle que vous deviez perdre, selon les règles du droit... veuillez ne pas m'interrompre, je vous prie, que ce matin, sa Majesté a signé votre nomination à la dignité de chevalier de la Légion-d'Honneur, et à la charge d'avocat-général à la Cour Royale;

de plus, vous assurerez M. votre père,
que le conseil appuiera sa candidature,
dans son collége électoral : enfin vous pouvez dire en confidence, à votre beau-père
futur, que dans le prochain conseil, on le
portera à la direction générale du commerce et des manufactures.

Ébloui, charmé, malgré lui, des faveurs
dont le gouvernement comblait lui et ses
proches, Arsène ne put dissimuler à l'œil
pénétrant du serpent en simarre, tout ce
que son âme éprouvait de contentement,
il reçut avec une gravité froide, en apparence, des remercîmens chaleureux, quoique remplis de délicatesse; Arsène conjura
le garde-des-sceaux, de porter aux pieds du
trône l'expression de sa reconnaissance
et de son contentement, et finit en conjurant le ministre de lui permettre d'an-
noncer à son père, par un mot d'écrit, les
faveurs dont on les comblait tous les deux.

— Il y aurait eu de la cruauté, lui fut-
il répondu, de vous clouer à un diner de
cérémonie, lorsque votre cœur aurait

voulu être ailleurs, j'ai prévenu votre désir, les deux brevets qui vous concernent sont partis sous le couvert de votre père, lorsque vous entriez dans le jardin, et un billet que j'ai écrit à ce savant juris-consulte, lui apprend ce qu'il est bon qu'il sache, lui et M. Dutilloy.

Ici, la conversation intime fut interrompue par l'arrivée successive des invités, et le reste de la soirée se passa dans cette triste solennité des galas ministériels.

Le même jour, et un quart-d'heure avant que le dîner ne fut servi chez le banquier, madame Dutilloy, avait pris à part son mari, dans l'embrâsure d'une croisée, et là, le regardant avec des yeux allumés de colère.

— Que vous semble, lui dit-elle, de la fortune de ces insolens Nébuzan, un million et demi de rente, la pairie anglaise, un titre de marquis, apprécié si haut par nos ducs français... et dire que pendant toute notre vie, cet odieux commis, son insolente femme, nous égaleront par le luxe et nous écraseront par le rang.

— Que puis-je à cela, ma chère ?

— Les contrecarrer par nos enfans, marier Amanieu à quelque fille d'ancien prince, notre fortune nous le permet, et donner Tècle, non à un avocat obscur, mais à un prince souverain, qui nous la demandera, je gage, avant que huit jours soient écoulés.

— Voilà vos lubies qui vous reprennent, romprez-vous avec les Rumbel, et parce que le prince de Morgteinsten est galant, faut-il voir en lui, déjà, votre gendre.

— Mais s'il voulait l'être.

— Il ne le voudra pas.

— Mais, enfin, s'il le voulait...

Le banquier, hésitant, fesait attendre sa réponse à son impatiente moitié, lorsque la porte du salon fut brusquement ouverte, et Rumbel, le père, se présenta la figure rayonnante de bonheur et la joie étincelante dans ses yeux.

— Trouverez-vous, chers amis, dit-il,

au couple, que sa présence inattendue surprenait et embarrassait peut-être; trouverez-vous que je paie assez bien le dîner auquel je m'invite; prenez et lisez, ajouta-t-il, et en même temps faisant voir à la femme les brevets d'Arsène, il remit au mari le billet du garde-des-sceaux. L'allégresse tarda peu à gagner le banquier, il touchait au but de son ambition, il entrerait enfin dans le ministère, dont la direction du commerce et des manufactures ne lui paraissait que le premier échelon. Madame Dutilloy, de son côté, en fut à tel point satisfaite, que pour un moment elle renonça à son mariage favori.

Le trio enchanté, et félicité du reste des convives, par crainte d'aider quelque bon ami à contrecarrer ce qui se fesait, ne revenait pas également de sa surprise; comment le ministre pouvait-il récompenser Arsène du seul acte qui lui avait nui; la chose s'embrouillait, et l'avocat lui-même cherchait dans sa tête le

mot de l'énigme et ne l'y rencontrait pas;
en attendant, il fut déterminé que le lendemain, un dîner de famille réunirait les
deux maisons, chez Rumbel; et que là,
on fixerait le jour du mariage des deux
amans.

Le dîner fut gai chez Dutilloy, le prince
Christian y déploya une amabilité peu
commune, il brilla tant, que la banquière
en revint à le regretter, si bien elle le
croyait envieux d'être son gendre. Mais,
les circonstances devenaient telles, qu'on
ne pouvait espérer d'enlever Tècle à l'a-
vocat Rumbel.

On prenait le café, lorsque le caissier
Loyset, qu'on venait de faire demander
hors du salon, rentra; il paraissait surpris,
et venant droit à son patron.

— Monsieur, dit-il, disposez-vous à
payer, demain, à midi, les onze millions
tirés sur vous, de Calcutta, de Madras,
et d'autres villes de l'Inde, dont les fonds
vous ont été fournis et encaissés par nous,
le gérant des biens de ce riche nabab, qui

est prêt a payer cinq millions le titre de
prince à l'empereur d'Autriche, ce milord
Belton, est à Paris depuis hier, il devance
de deux mois son maître, et a fait la sourde
oreille lorsque je lui ai offert, en votre
nom, de conserver encore cette somme
rondelette de onze millions, la réunir en
quelques heures ne sera pas une opéra-
tion aisée, vous les faites travailler...

— Et vous dites, Loyset, qu'il faut la
compter demain ?

— Et à midi précis, le monsieur paraît fort raide et très empressé de palper..
Au reste je l'ai fait entrer dans votre cabinet, car il m'a paru curieux de vous entretenir ; et, avec de belles paroles, vous
en tirerez meilleur parti que moi ; il s'appelle, monsieur Julien Saurage.

Un sentiment inconnu, une vague inquiétude, comme en éprouve tant le cœur
humain, sans pouvoir s'en rendre raison,
vinrent, tout à coup, assiéger celui du
banquier, à mesure que parlait son homme
de confiance. Les onze millions qu'on lui

réclamait si inopinément, n'étaient pas dans sa caisse, et pour les réunir, huit jours, au moins, lui seraient nécessaires. Les refuser cependant, porterait à son crédit un coup sinistre, qui renverserait, peut-être, dans un jour, une fortune si péniblement amassée ; certes il lui devenait bien nécessaire de voir le gérant de la riche, de l'opulente maison Belton, et au moment de se trouver en présence de ce personnage, une voix intérieure lui criait : que l'heure devenait proche, où la justice du ciel fondrait sur lui ; il en résultait une hésitation extraordinaire ; enfin il se détermine à suivre l'avis de Loyset et, laissant la compagnie, il passa dans son cabinet.

L'individu qui l'attendait n'affichait aucun luxe, ses vêtemens même annonçaient un long user, sa physionomie, celle d'un homme proche de soixante ans, était froide, mélancolique, dédaigneuse et sévère ; celui-là ne paraissait pas accoutumé à chercher dans des plaisirs vulgaires un délassement illicite. Négociant des anciens jours, s'il dédaignait l'apparence du faste, il devait chérir, au contraire, l'austérité, la franchise, l'économie prudente et les autres vertus.

Assis, sans façon, sur le propre fauteuil à la Voltaire du Banquier, ayant le chapeau sur la tête, il jouait avec une canne de roseau de l'Inde, modestement garnie d'une pomme d'ivoire. A la vue du survenant, il se leva lentement, le salua sans le regarder, évitant de laisser éclairer trop ses traits par une fenêtre sa voisine : bien qu'il en agît ainsi, le premier regard de M. Dutilloy, éveilla dans l'âme de celui-ci, des souvenirs vagues et confus auxquels il ne pouvait assigner encore de cause première, et qui, néanmoins, ajoutaient au trouble dont il était atteint déjà.

L'étranger reçut avec pleine indifférence, les complimens obséquieux du banquier, mais il lui laissa tout le loisir de les faire, et lorsque, par sa froideur persévérante, il eût fait expirer les mots dans la bouche du loup-cervier :

— Monsieur, dit-il, d'un ton bref et sec, demain, à midi, sans faute, je viendrai retirer les onze millions que vous a confié M. Belton.

— Demain, monsieur, cette somme vous séra comptée, bien qu'il ne soit pas dans l'usage de retirer aussi promptement, sans lettre d'avis, des masses aussi énormes : grâce à Dieu, ma maison peut, en vingt-quatre heures, satisfaire les exigences de tous cliens. Que voulez-vous, l'or n'est pas exigible, vous payer en argent, ferait trop d'appareil, des billets de banques, des valeurs de commerce vous satisferont probablement.

— Les onze millions ont été versés en lingots éprouvés, il a été convenu que nous les reprendrions en même matière. Cependant les effets de la banque, ceux du haut négoce de Paris, peuvent y suppléer avec un droit d'escompte.

— Monsieur, me fera-t-il l'honneur de dîner demain avec moi ?

— Cela ne me sera pas possible, j'ai promis à un ami, bien cher, à son lit de mort, d'employer mon séjour à Paris, à l'effet d'y retrouver deux frères qu'il croit y être, et par eux, d'arriver jusques à ses ascendans, dont il est séparé depuis cinquante ans environ. Dans ce laps de temps, il est rare que le trépas ait épargné toutes les têtes qui nous sont chères, je crains bien que mon ami, dans l'autre monde, ne se soit déjà réuni à ceux, que par son ordre, je cherche dans celui-ci.

Ce discours émut singulièrement le banquier, la prudence lui commandait de ne faire aucune question, néanmoins, une crainte vague, pénible, et dont il lui tardait d'être débarrassé, tant au fond il la voyait absurde, le détermina à s'aventurer sur un terrain qui lui serait inconnu.

— Parisien de naissance, dit Dutilloy, en cherchant à vaincre l'émotion qui, malgré lui, colorait son visage, ayant passé presque toute ma vie dans cette ville, j'en connais un tel nombre d'habitans, que ma mémoire serait d'un secours merveilleux pour le rédacteur de l'Almanach des vingt-cinq mille adresses., je la mets à votre disposition, et si elle peut vous servir...

— J'accepte, monsieur le Parisien, lui fut-il répondu, avec une inflexion de voix plutôt malicieuse qu'obligeante; mais le moyen qu'un enfant de la ville, monté au plus haut échelon de l'échelle sociale, ait eu la moindre relation avec deux obscurs paysans du Languedoc.

Ces derniers mots atteignirent comme un coup de feu, le cœur du banquier et jetèrent une pâleur mortelle sur son visage naturellement haut en couleur. Avec quelle amertume il se reprocha sa question intempestive; mais après un instant de forte réflexion, il comprit que dorénavant, l'incertitude lui serait trop fatale, et pour en sortir, il demanda, avec le plus d'indifférence qu'il lui fut possible, quels étaient ces Languedociens.

— Ils ont quitté depuis cinquante ans, plus ou moins, leur terre natale, un village situé au penchant occidental de la Montagne-Noire, la commune de Vaudreuil; leur nom est Delotry; l'aîné, dont les prénoms sont Nazaire-Félix, après avoir mesquinement passé sa vie, a été promu, il y a quelques mois, à la charge de feutier de la Comédie-Française, où il doit être encore en fonction...

L'étranger, ou plutôt, M. Julien Saurage, s'arrêta malicieusement, et le banquier, emporté par sa destinée, et malgré lui, demanda ce que le second était devenu.

— Sa famille a complètement perdu sa trace, répondit l'interpellé, qui jouit du contentement, manifesté soudain, par Dutilloy... mais, je suis à sa recherche, et d'un instant à l'autre j'espère parvenir à le rencontrer.

— Dans quel but?

— Oh! très simple, je le secourrai s'il est pauvre, j'en ai le mandat de son frère

aîné, car ils étaient trois, et celui-là a décédé dans l'Inde, me chargeant de dis-
tribuer aux siens le peu qu'il a recueilli
dans ses courses aventureuses, ou, si ce
frère puîné, qui répondra au prénom de
Barthélemy, a fait fortune, je le punirai
de l'horrible abandon dans lequel il a
laissé son père et sa mère, par l'éclat dont
le frappera un procès scandaleux et public...

—Monsieur, monsieur, dit le banquier,
en se laissant aller en insensé à un mouvement de colère, vous, inconnu, de quel
droit...

— Me blâmeriez-vous, bienfaisant phi-
lantrope Dutilloy, vous dont le nom pare
toute souscription de charité, vous qui
avez secouru les réfugiés du Texas, les
Polonais dans leurs insurrections géné-
reuses, les Grecs, qui certes ne vous tou-
chaient en rien...

— Ils étaient hommes, et ce titre...

— C'est admirable, et tout me prouve,
que si vos parens eussent été dans le mal-

heur, vous auriez relevé leur position et fait pour eux, d'abord, ce que vous avez fait pour la riche famille du général Foy.

Dutilloy, depuis un peu de temps, attachait un regard scrutateur sur le front de celui qui parlait, et, ici l'interrompant :

— Je regrette, dit-il, de ne pas pouvoir vous aider dans cette recherche charitable, les individus dont vous me parlez me sont complettement étrangers... mais d'après les rapports nouveaux, et j'espère intimes, qui dorénavant s'établiront entre nous, veuillez me donner votre adresse, afin que je la couche sur mon memento particulier.

A son tour, Dutilloy, pendant qu'il parlait, venait d'être soumis à une attention si permanente, que par deux fois il en avait frémi; son compagnon, néanmoins, ne fit aucune réflexion, et du ton d'un homme qui dicte, lui dit :

— Julien Saurage, agent général de sir Belton, logé à Paris, rue Rivoli, n. 35.

Puis il garda un instant le silence, mais

comme il vit le banquier refermer ses ta-
blettes, il l'arrêta par un geste expressif.

— Bien, dit-il, que votre mémoire ou
vos souvenirs ne vous aient rien fourni
concernant ceux que je cherche, veuillez,
je vous en conjure, tracer à la suite de
mon adresse, le paragraphe que voici.

— Au nom de Mathieu Delotry et de
Jaquette Pénard, moi leur représentant,
et à la recherche de Nazaire-Félix, leur
fils, employé feutier à la Comédie-Française, je déclare, au sieur Barthélemy Delotry, leur fils et frère, que j'ai pleine mission de le poursuivre devant les tribunaux,
pour le contraindre à donner une pension
alimentaire à ceux dont il tient le jour.

—Mais, monsieur, repartit le banquier,
qui, sans rien écrire de ce qui lui était
dicté, n'en avait pas moins écouté ces funestes paroles avec une terreur toujours
croissante, je vous ai déjà dit, que ces
individus m'étaient inconnus...

— La justice interviendra à l'aide de
votre mémoire, fils dénaturé, et peut-être,

agent infidèle de mon patron, répondit Julien Saurage, en se grandissant de deux pouces, et en jetant sur Dutilloy, un regard foudroyant; puis prenant son chapeau, il sortit sans saluer, laissant le banquier, cette fois, complètement accablé sous ce coup de tonnerre.

# XI

## Le Secours inattendu.



Une sonnette retentit, une porte fut
ouverte, et l'ex-feutier des Français se
présenta devant M. Levraut.

— Eh ! voisin, dit celui-ci, te voilà le
plus heureux des hommes, n'as-tu pas

tantôt touché une somme rondelette de douze cents francs.

— Oui, monsieur.

— Et bien, en voici encore deux cents, que je te remettrai le jour où tu monteras dans la diligence, et ce sera demain au soir ; car ta place est prise, j'en ai payé les arrhes, et en outre, tous les ans, en deux termes, tu recevras quatre cents francs de rente annuelle, sous la seule condition que tu retiendras ta langue, et que tu ne prendras plus des sottises pour des vérités.

— Oui, monsieur.

— Crois-moi, sois sage, retourne au pays, vas-y vivre en paix, et ne te fais pas des querelles avec un homme qui en mangerait trente faits comme toi, dans un de ses momens d'appétit.

— C'est toujours un mauvais cœur.

— Prends garde, les paroles inutiles coûtent cher ici... fais mieux, vas mettre ordre à tes affaires, range ta malle, demain de bonne heure nous la ferons em-

porter, ce soir nous souperons ensemble,
tu coucheras dans ma première salle, car
jusques à ton départ je serai ton insépa-
rable.

— Vous conaissez donc M. Dutilloy.

— Je ne connais que le diable, et celui-
là te tordera le col, si tu me fais des question saugrenues. Allons, montons chez toi,
je te payerai, en outre de ce que tu as
reçu, ton mobilier, à ton estimation, je
solderai ton loyer courant, sois tranquille,
ne vaut-il pas mieux savoir se taire et gagner du bon argent.

Cela dit, le sieur Lévraut, dirigea Nazaire vers sa mansarde, et se tint en sentinelle sur le seuil de la porte, tandis que
le feutier, le cœur gros d'affliction, choi-
sissant celles de ses hardes dont il se ferait
suivre, fesait la prisée du bois de lit,
de la paillasse, du matelat unique, de la
faïence et du chandelier de fer, qui, selon lui, constituaient le premier lot à
vendre, de son chétif mobilier.

Des pas se firent entendre dans l'escalier, quelqu'un montait, et le personnage, parvenu au dernier carré, se mit à crier d'une voix de stentor.

— Ohé! ohé! qui, dans cette maison damnée, répond au nom honnête de Nazaire-Félix Delotry.

— Moi, s'écria le feutier interpellé, tandis que Levrant le repoussant dans sa chambre, se préparait à le disputer au premier venu, qui se mit à dire.

— Si c'est vous, monsieur Nazaire Delotry, que Dieu vous bénisse, voici longtemps que je ne l'ai vu.

— Et vous ne le verrez pas de sitôt, répliqua le petit vieillard, cet homme à qui il vous plaît de donner un nom quelconque, est sous mon commandement, aujourd'hui et demain encore, son travail m'est nécessaire, et d'ici à la semaine prochaine je ne pourrai vous l'abandonner (puis se penchant vers l'ex-feutier), drôle, si tu me démens, tu pourriras dans un cabanon de la Force.

— Bon, bon; reprit l'inconnu, je ne

serai pas monté si haut, je n'aurai pas trouvé la pie au nid pour m'en aller, sans avoir mis la main sur elle.

— Quand je vous dis que je paie cet homme, et qu'il doit m'obéir.

— Quand je vous répète que je veux lui parler; et que je lui parlerai, de par tous les diables. Ohé ! Nazaire, au nom de Mathieu Delotry, ton père, de Jaqueline Pénard, ta mère, et moi, ton frère aîné, André-Denis.

— André, mon frère, c'est toi qui m'appelles... Oh ! que Dieu soit béni de ce moment de bonheur.

Et Nazaire, ajoutant l'effet aux paroles, repoussa précipitamment Levraut désappointé, et courut, le cœur plein d'allégresse, dans les bras d'un frère qui lui semblait revenir de chez les morts.

Tandis que d'un côté, les deux proches parens se livraient à la douceur d'une rencontre inattendue, le geôlier Levraut, dépité de l'incident qui pouvait compromettre sa surveillance, s'était rapproché du groupe, qui ne songeait plus à lui, et, tirant son captif par le pan de sa veste.

— Voisin, dit-il, pense aux douze cents francs promis, aux deux cents, en outre, que tu recevras demain, à ta place payée, à ton mobilier acquis, ce que tu voudras le vendre, et aux quatre cents francs de rente annuelle, que peut-être, même, on augmentera.

— Qu'est-ce que ce monsieur, et que te chante-t-il, dit l'aîné des Delotry.

— Oh! frère, il me rappelle.... c'est une chose... mais en effet, puisque te voilà là, toi, mon aîné, je te consulterai sur ce qu'il me faudra faire.

—Tu t'en garderas, fou, lui dit le vieux Levraut, car le châtiment serait aussi prompt que la faute.

— Monsieur, repartit, non l'ex-feutier, mais le nouveau venu, je ne sais qui vous donne ici l'autorité que vous prenez sur mon frère; séparés l'un de l'autre, dès notre adolescence, lorsque nous nous réunissons presqu'à la porte du tombeau, auriez-vous la barbarie de nous séparer soudainement? qui vous a investi d'une autorité que la loi, certes, ne reconnaîtra pas?

— Vous le prenez sur un ton bien haut, vous, mon ami, dont le *vestiaire* n'annonce pas un *destin* fortuné, vous, sans doute, pauvre diable comme votre frère, et, qui, dans son intérêt, autant que dans le vôtre, feriez bien de ne pas vous faire un ennemi de son protecteur.

—Il est vrai, repartit l'aîné Delotry, que j'arrive à Paris sans ressource aucune, qu'à mon gîte d'hier, j'ai laissé mon dernier sol, et que je venais à mon frère le conjurer de me secourir.

— Oh! frère André, oh! que je te plains, répondit impétueusement Nazaire, hier, j'aurais partagé mon pain avec toi, car je n'avais rien avec, aujourd'hui c'est autre chose, veux-tu me suivre au pays, et, en attendant, partager avec moi ces douze cent francs que m'a remis ce ma-

tin notre f.... une personne qui ne veut
pas que je reste à Paris.

— Nazaire, oh! mon bon Nazaire, tu
es un homme, le digne fils de notre père,
dit l'aîné Delotry, en serrant encore le
feutier dans ses bras, mais qui est cette
personne à laquelle ton séjour à Paris est
importun : connaîtrais-tu, par hasard;
le banquier Dutilloy.

— L'ami, dit Levraut en se rapprochant des deux Languedóciens, aussitôt
que le nom de son commettant eut
frappé son oreille, puisque le riche et
puissant M. Dutilloy vous est connu, vous
comprendrez l'avantage de ne pas l'of-
fenser et de bien vivre avec lui. A tort ou
à raison, il ne veut pas que votre frère,
qu'il aime, continue à végéter à Paris,
dans la misère : pour l'en arracher, il lui
donne quatorze cents francs d'abord; lui
achète sa défroque, paye noblement les frais
de son voyage, jusques à la Montagne Noire,
et, là, s'engage à lui servir annuellement
une pension de quatre cent francs. Vous

êtes trop raisonnable pour vouloir lui faire perdre cette honnête fortune, que je me flatte de vous faire partager, si vous êtes son frère, et si vous me chargez de vos intérêts auprès de l'honorable banquier.

— Oh! monsieur, réplique Denis André Delotry, ce que vous contez-là change la face des choses, c'est un pont d'or, qu'un marché pareil, et, si comme vous vous en flattez, le protecteur de mon frère se déclare le mien, il n'est hors de doute qu'à moins d'avoir perdu la cervelle, je ne refuserais pas un pareil établissement.

— C'est à merveille, l'ami, dit l'important Levraut, et comme je tiens à vous contenter sur l'heure, promettez-moi de ne pas quitter votre frère, pendant que j'irai plaider votre cause devant M. Dutilloy.

— J'espère que la mort seule me séparera de Nazaire, répondit vivement Denis Delotry, soyez tranquille; monsieur,

dorénavant, où l'un sera, l'autre ne se fera
pas attendre.

—Bon, bon! ayez, vous, bon espoir, la
fortune des gens raisonnables est assurée,
demeurez-là, aidez au frère à rassembler
les bagages et à disposer le mobilier, je
serai de retour dans deux heures au plus
tard, et, demain au soir, de concert,
vous irez tous deux rejoindre votre respectable famille.

Levraut, persuadé qu'en déterminant le
frère aîné de celui que le banquier veut
voir hors Paris à suivre celui-là, il rend
un double service au matador de la finance, se dirige, d'un pas hâtif, vers la
Chaussée-d'Antin, mais à peine a-t-il dû
entrer dans la rue Montorgueil, que Denis
Delotry, s'adressant à l'ex-feutier.

— Frère, dit-il, je sais tout, ou plutôt,
je devine ce qui se passe, tu as reconnu
ce méchant Barthélemy, tu as imploré sa
tendresse pour nos parens, pour toi, et
sa réponse est de te chasser d'ici.

Nazaire, tout ému, raconte ce que le

public sait déjà, et malheureux ne cache pas, qu'épouvanté du crédit de son frère puîné, il est décidé à lui obéir en toute chose.

— Non! de par Dieu, s'écrie Denis Delotry, cela ne sera pas, cette âme de boue serait trop satisfaite. Nazaire, notre bon père, dont je suis le représentant, car je suis ton aîné, te commande, par moi, d'obéir à mes volontés, et cela sans résistance : viens, quittons cette maison au plus vite, je te promets un logement où tu ne regretteras pas celui-ci, partons.

L'humble feutier, balancé entre l'ascendant du frère présent et la frayeur que l'autre inspire, hésite d'abord; le voilà, faisant énumération des meubles, des hardes qu'il abandonne, qu'on lui volera dans son absence; le tout, s'écrie-t-il, vaut au moins deux cents francs : il se trompe de moitié. Denis Delotry, sans lui rien dire, lui fait tendre en creux les deux mains, et les remplit en piles de pièces d'or, qu'il tire de sa poche : à ce marché muet, que le vendeur a compris, il sourit, baisse la tête par forme d'acquiescement, et ayant mis en sûreté , dans son gousset , la somme considérable, qui lui paraît énorme, il se dispose à partir à la suite de son frère aîné.

Les deux Languedociens traversaient le passage du Saumon pour se rendre au domicile de Denis Delotry, lorsqu'ils furent croisés par le plus joli groom de tout Paris : l'élégant Honoré. Nazaire ne le vit pas, et son compatriote qui se trouvait dans ce quartier pour lui, ne l'ayant pas non plus aperçu continua sa course vers la maison n. 189 de la rue Beaurepaire.

Déjà Honoré avait pénétré dans le sale corridor, grimpé l'escalier tremblant et passé sous le canon des créatures habitantes de ce lieu déhonté pour arriver à la chambre de Nazaire; lorsqu'une vieille femme, qu'il rencontra, l'instruisit que l'objet de ses recherches venait de quitter le logis à tout jamais, la chargeant de prévenir de son départ et la propriétaire

qu'il avait payé et le vieux Levraut pour
lequel ce serait un coup pénible, d'autant
plus que le feutier, en disparaissant, n'a-
vait pas laissé sa nouvelle adresse.

Dépité de ce contre-temps, Honoré descendait les degrés en faisant la sourde-
oreille aux tendres propos que lui adres-
saient les nymphes du lieü, lorsque son
nom prononcé par une bouche masculine
attirant son attention, il regarda autour
de soi, et à sa surprise joyeuse, il reconnut
un autre de ses compatriotes : le jeune
Clovis Orrouis.

Tous deux avaient passé, soit à Saint-
Félix, soit à Toulouse, ensemble leur première jeunesse ; Clovis plus âgé et de
meilleure maison aurait été son supérieur
en province ; mais à Paris et s'accostant
dans ce bouge, et grâce au coup-d'œil
exercé d'Honoré Mantel, il tarda peu à
deviner que l'ex-hautain bourgeois était
à Paris un polisson sans conséquence,
peut-être fier et plus heureux que lui ;
Honoré l'avoua et consentit à lui parler.

Aucune morgue n'existait encore dans cette jeune âme, le beau jockey ne manifesta que du contentement à la vue du jeune soleil tombé, et après que l'un et l'autre se furent embrassés à diverses reprises, ils gagnèrent ensemble un café voisin, où, en vidant un bol de punch, ils se racontèrent mutuellement leurs aventures.

# XII

## Une Soirée chez les heureux du jour.

> Là où l'on danse, où l'on rit, plus
> d'une passion travaille et plus d'un cœur
> est gros de larmes.
>
> — *Recueil de Maximes.* —

Aussitôt que l'heureux Arsène put sortir de chez le garde-des-sceaux sans manquer aux convenances, il prit la route de l'hôtel du banquier. A part le dîner qui avait, ce jour-là, réuni trente personnes et

des plus importantes dans le commerce,
c'était la soirée dominicale de madame
Dutilloy, aussi ses salons furent remplis
d'une foule rieuse, caustique, maligne,
affairée; où l'on ne se cherchait que par
intérêt, où l'on s'évitait toujours avec
plaisir.

Le bruit sourd de la prochaine entrée
du maître du logis à une direction générale circulait déjà, nul des intéressés n'en
avait révélé la moindre chose et, cependant, dis-je, on en causait de la veille
dans Paris, il en résulta que les aspirans
à ce poste important, que les solliciteurs,
et ceux-ci pullulent, que les indifférens
même, pour apprendre ce qu'il en était,
semblant s'être donné là rendez-vous, y
augmentaient la masse ordinaire des habitués.

Deux ou trois ducs de l'ancien régime,
de ceux qui depuis quarante ans parent
de leur nom ces sociétés qui les déshonorent; eux qui, depuis Louis XVI jusques à
Louis-Philippe, se sont donnés gratis à tout

gouvernement qui les prenant à l'essai, ne finit par les payer que lorsqu'ils ne lui sont plus nécessaires ; des sommités de l'empire que la restauration, riche en noms illustres, en belles réputations, avait pu négliger sans obscurcir son éclat et que la nécessité faisait reluire depuis que les habitués du château, sous trois règnes précédens ne paraissent plus.

Là encore, on voyait des splendeurs de la banque, des grandeurs du commerce; des dignités de l'industrie, pairs d'une nouvelle espèce, plus rogues que les précédens, impertinens sans adresse, et ne réparant point par une grâce délicate leur grossièreté innée.

Le luxe resplendissait dans les salons dorés du banquier, les yeux y étaient éblouis du feu des diamans, des éclairs des pierreries; chaque femme y faisait assaut de pompe et d'élégance. Les dentelles, les velours, les tissus moëlleux des Indes, les soieries diaprées, les moires; les brocards taillés, ajustés avec un goût exquis par des faiseuses habiles, étalaient les mille ressources de la parure, embelis- saient la beauté, faisaient supporter la laideur et dissimulaient jusqu'aux diffor- mités et aux ridicules.

C'était chose agréable que de voir on- doyer sur la tête des femmes, ces plumes molles et flexibles de nuances diverses, s'agiter ces fleurs imitées avec un art sans pareil, et ces épis d'or et d'argent, ces oi- seaux de paradis, ces aigrettes, ces nœuds de rubans et ces couleurs diverses; on s'étonnait, on jouissait de cette sorte de forêt mouvante au gré du zéphir, excité par le jeu rapide des éventails de nacre, d'écaille, d'ivoire, pailletés, incrustés, peints de sujets bizarres, amusans, variés.

Trois cents bougies répandaient leur clarté douce et point fatigante, des lus- tres de cristal de roche scintillaient bril- lamment et lançaient des feux radieux, des statues de jaspe, d'agathe, de porphyre, de marbre aux nuances innombrables, soutenaient des torchères d'or bruni, là on admirait des candélabres du temps de Louis XV, là des bras sortis nouvellement des ateliers de Thomire et de Rovrio.

Des groupes composés soit de femmes faisant entre elles assaut de magnificence et de bon goût; la plupart, d'ailleurs, gracieuses ou au moins jolies; soit de jeunes hommes vêtus à la nouvelle forme ou ne suivant que leur caprice, ce qui rendait leur accoutrement plus piquant, plus particulier, imprimaient à cette soirée une animation toute particulière.

Certes, le commandeur de Vorène ayait fort à faire en sa qualité de chambellan de sa sœur, pour suffire aux exigences de sa situation, jamais joie ou importance n'avait été pareille à la sienne, de ce soir où il avait pu amener et illustrer le salon de son beau-frère d'un de ces cinquante princes Galitzin qui représentent les kniaiz Russes dans les diverses capitale de l'Europe; de deux comtes du saint-empire, de trois grands d'Espagne et de quelques demi-douzaines de baronnets Anglais. Il y avait là encore des marquis Italiens, des princes de Rome et de Naples, un Klephte célèbre dans les montagnes de la Laconie et aujourd'hui chambellan du roi Othon de Grèce.

Parmi la société privilégiée de la banquière, on remarquait ce soir-là ayant répondu à l'appel: la duchesse de Valbreuse, la marquise de Bressesain et le pair de France son mari, la comtesse de Rosailly, la baronne Colmont, le maître des comptes Minadel, le conseiller Jolichot, le gant blanc Belflou, le général Lassoth, l'habile journaliste Nérestel ; mais par-dessus tout et les dominant soit de son rang, soit de sa fortune présumée, on distinguait le prince Christian de Morgteinstein.

Celui-ci, et à la satisfaction inexprimable de madame Dutilloy, ne s'éloignait guère de la charmante Tècle, on le voyait tantôt devant elle soutenir une conversation trop animée pour que son cœur n'en parlât pas, et tantôt derrière son fauteuil en position d'esprit, en ravissement ; il s'affichait ou mieux encore compromettait la gracieuse Tècle.

Tècle voyait à peine ce manège, elle savait l'avancement qu'obtenait Arsène, celui qu'il procurait à son propre père, et dès lors tout lui répondait de la prompte venue du jour de leur hymen ; heureuse donc et enivrée d'espérance, son idée était plus auprès du jeune avocat qu'avec elle dans ce moment, aussi ne se tourmentait-elle guère de l'affectation que le prince Allemand mettait à lui faire la cour ; mais si elle y demeurait indifférente et comme étrangère, d'autres femmes le remarquaient pour elle et ne s'en irritaient que plus.

Il y avait à cette soirée une dame de Méville, veuve, disait-elle, d'un capitaine de vaisseau Hollandais ; jolie créature, jouant la simplicité et maligne comme un vieux juge, n'aurait pas manqué de dire Figaro, Matronne d'Ephèse ; elle affichait pour le défunt un amour qui la gardait libre pour le premier bon parti qu'elle trouverait ;

le prince Christian, étranger et par conséquent plus facile à surprendre qu'un
autre, lui avait paru une proie facile; et le
voir enlevé par Tècle, qui encore s'avisait
de ne pas comprendre la valeur d'une
telle conquête, indignait par cette indifférence, celle qui n'en eut pas fait autant: assise à côté de la duchesse de Valbreuse elle se mit à lui dire, bien que leur
liaison ne datât pas de loin:

— En vérité, madame, je regrette que
M. Arsène n'ait pas ici un fidèle qui veille
à ses intérêts; voyez, je vous prie, avec
quelle chaleur ce prince Germain se montre empressé auprès de la belle Tècle.

— Il est dans son devoir, et il joue son
rôle, répartit sèchement la duchesse: inconnu parmi nous, bien reçu dans une
maison en relations avec toutes les
grande villes de l'Europe, il reconnaît
par des soins les prévenance dont il est
l'objet.

La veuve maligne comprit, à la verdeur
de cette réponse, qu'elle avait mal adressé

son coup de dard, et, honteuse de cette
lutte, elle feignit de prendre intérêt à un
jeu de wisth, que la maîtresse du logis, et
la marquise de Bresserain jouaient avec
le prince Galitzin et le marquis de Mé-
dina, grand d'Espagne. De son côté, la
duchesse, dès qu'elle put changer de place
sans incivilité, alla rejoindre son amie
véritable, et aussitôt lui demanda si la conversation du prince de Morgteinsten était
bien agréable.

— A te parler sincèrement, répartit la
jeune fille, je n'écoute guère ce qu'il me
dit : ma pauvre âme est ailleurs qu'ici.

— Dans ce cas, ma bonne Tècle, puisque tu accueilles le prince avec cette indifférence, ne le laisse pas si long-temps
rôder autour de toi, la jalousie des calculs
peut-être s'en irrite, et tu leur fais trop
beau jeu en ne voulant pas tenir la partie.

Mademoiselle Dutilloy allait demander
à la duchesse l'explication complète de ce
propos, lorsque, presque à la fois, elle vit,
de l'intérieur de l'hôtel, son père entrer

au salon et Arsène y paraître en venant du côté de la ville : le premier ne portait pas sur son front cette paisible tranquillité qu'elle avait l'habitude de voir : un nuage sombre couvrait ses yeux ; sa bouche faisait la moue, il répondait avec une distraction excessive à tout ce qu'on lui disait, et sa physionomie présente formait un contraste choquant avec l'allégresse que naguère y avait imprimé la bonne nouvelle apportée par le jurisconsulte Rumbel ; Tècle en aurait eu, certes, une inquiétude bien autrement vive, si l'aspect de son amant qui serait bientôt son époux ne lui eut inspiré d'autres pensées.

Arsène, après avoir fait la part de la bienséance et des indifférens, s'approcha de sa gente accordée. La conversation devint active, et, peu de minutes après, ces deux cœurs, si bien faits pour s'entendre, se crurent complètement seuls au milieu de cette nombreuse réunion.

Depuis le peu de temps que le prince de

Morgteinsten venait dans cette maison, le hasard ne l'y avait pas mis en présence d'Arsène : peut-être en avait-il entendu parler, cela même est probable; mais, encore, ni l'un ni l'autre ne se connaissaient. L'étranger, surpris du feu et de l'aisance avec laquelle un jeune homme parlait à la fille du logis, demanda son nom au vicomte de Nébuzan, déjà mis hors de ligne par son ancien patron qui l'avait supplié d'honorer cette soirée de sa présence.

— C'est, lui fut-il répondu, un de nos jeunes-france les plus estimables, l'un des flambeaux du barreau moderne, fils d'un père riche, enfin, Arsène Rumbel, à vous servir

— Ah! le futur... il est heureux.

— C'est ce qu'on répète autour d'une aussi belle personne, dit tout haut madame Méville qui, ayant entendu l'exclamation du prince, s'était abandonnée à son dépit.

— Et ce qu'on doit dire aussi auprès

de plus d'une dame de ce cercle charmant,
répliqua Morgteinsten avec une galanterie gracieuse dont la coquette fut charmée, elle, voulant voir ce qu'il pourrait ad-
venir de ce propos, ou de pure politesse,
ou ayant plus de portée, se hâta de répli-
quer. Le dialogue s'engagea, et, tout
en ayant l'air de traiter la chose avec
indifférence, madame Méville conta au
prince que l'union de Tècle et d'Arsène
était, non seulement une convention de
famille, mais encore le résultat d'un
amour partagé, constant, et que rien ne
diminuerait sans doute.

Le prince parut chagrin; on lui con-
seilla d'en appeler à la philosophie, de
chercher des consolations dans l'amitié;
et, selon l'usage, la femme séduisante
s'offrit pour ces deux cas à la fois. Christian, lors de sa venue à Paris, avait formé
le dessein d'étendre au loin ses relations,
de les multiplier autant que possible; en
conséquence, loin de faire le sauvage, de
jouer l'amant désespéré, il demanda et

obtint la permission de se faire présenter
chez la veuve du capitaine de vaisseau
par le commandeur de Vorène.

Dans ce moment le caissier Loyset qui,
pendant toute la soirée, n'avait fait qu'aller et venir, reparut une dernière fois en
homme très occupé, fendit la foule, arriva auprès de son patron, et pendant
deux minutes lui parla vivement à l'o-
reille. Le banquier, dont le visage était
pâle jusqu'alors, se colora d'une vive rou-
geur. Le Mondor de l'époque, après avoir
paru donner des ordres à son employé,
se démêla lui-même de la foule et passa
peu après dans son appartement particulier, où un valet prévenu allumait à la
hâte les bougies de la chambre et les
deux candélabres à trois bougies chacune,
posés sur le bureau.

# XIII

## Le mot lâché.

Si parfois le vicieux n'était mala-
droit, il serait par trop redoutable.
— *Recueil de Maximes.* —

— Ah ! de par tous les diables, mons
Levraut, quelle sottise as-tu faite, car,
dans le compte de tes attributions, tout
étant prévu, je ne vois pas ce qui t'amène
ici, hors quelques méfaits ou quelques
gabgies.

Ce fut par ces douces paroles, que le banquier accueillit son émissaire, la seconde fois que celui-là reparut devant lui.

— Je crois, au contraire, avoir droit à vos remercîmens et m'être acquis un titre de plus à votre reconnaissance, repartit le fin personnage ; si à la place d'un oiseau que vous vouliez ramener au nid, je vous en signalais un second, échappé, selon toute apparence, à la même volière.

Ce début, piquait trop la curiosité intéressée de Dutilloy, pour qu'il ne sommât pas son agent d'avoir à s'expliquer sans retard, et avec le plus de clarté possible. Levraut, à mille lieues, malgré sa finesse, de comprendre l'importance de ce qu'il allait dire, pour celui qui l'écoutait, lui rapporta fidèlement la scène qui avait eu lieu naguère.

Si lui-même, n'eut mis une chaleur extrême à son récit, motivée sur la part qu'il prenait à l'affaire, il aurait deviné le prix énorme que le banquier attachait à cette révélation, chaque phrase débitée faisait

cheoir sur lui des torrens de lumière , et
quand Levraut eut achevé, il vit clair du
moins, et se crut joué dans l'intrigue, nouée
autour de lui, mais il se garda bien d'en
rien apprendre à son agent. Voici le château en Espagne que son imagination con-
struisit instantanément.

Denis Delotry, revenu des Grandes-Indes, avait, selon toute apparence, assassiné
son maître, le véritable Julien Saurage ,
agent réel et avoué de l'anglais, sir Belton,
nanti des papiers de l'un, il venait avec
une effronterie trop commune, pour s'emparer de la fortune de l'autre ; telle était
la cause de son impatience à toucher aussi
vite les onze millions encaissés, par lui
Dutilloy ; comme le fourbe audacieux, ne
présumait pas que sa trame fut découverte,
il tenterait sans doute de subjuguer l'esprit faible de Nazaire, afin de s'en servir
d'épouvantail contre lui, Dutilloy.

Mais le jeu devait être suivi dans une
autre chance? laquelle ; toutes étaient
périlleuses , plusieurs mauvaises , com-

ment démêler la bonne dans ce fouillis.

Le banquier, demeura convaincu que Levraut, en retournant à la maison de la rue Beaurepaire, n'y trouverait aucun de ceux qu'il se flattait d'y revoir. Certainement, le meneur de cette chaude intrigue se serait bien gardé de l'attendre ou de lui abandonner son frère, prenant mieux ses mesures, il sera parti aussitôt que le gardien a eu tourné le dos.

Mais, où reste-t-il, a-t-il donné une adresse réelle, son domicile est-il bien dans la rue Rivoli, il faut s'en assurer, et aussitôt un coup de sonnette amène un domestique, le banquier lui enjoint d'aller, sur-le-champ, rue de Rivoli, n. 37, là, il s'enquierra si M. Julien Saurage y est, et dans ce cas, lui dire, ou lui faire dire, en cas d'absence, ou de refus de se montrer, que le banquier Dutilloy, le prie de donner ordre dans l'hôtel, que le lendemain, à neuf heures au plus tard, on laisse arriver jusques à lui, ledit homme d'affaires, et qu'une résistance à cette entrevue ne pourrait que devenir désagréable à tous les deux.

Le valet, bien stylé, et d'ailleurs compère à l'intelligence ouverte, part rapidement. Cette portion de la chose expédiée, Dutilloy revenant à Levraut.

— Bonhomme, lui dit-il, je te l'ai chanté; je te le répète encore, quand tu vas retourner chez toi, pour t'emparer d'une autorité temporaire et volontaire sur nos deux campagnards Languedociens, ni l'un, ni l'autre, ne sera à t'attendre; ne t'en inquiète plus; que sont-ils devenus, tu viens de l'entendre, je les soupçonne dans un autre gîte; et ici la difficulté se complique de plus en plus; ce matin encore, ton concours me suffisait, mais ce soir je ne refuse plus les hommes de force que tu m'as offerts; je veux les voir, leur parler sans qu'ils me connaissent, demain, dès la nuit close, réunis-les chez toi, je m'y rendrai, grimé de telle sorte, que toi-même y sera pris, je les entendrai, je les examinerai, et si

je les crois aptes à passer à mon service,
je les enrichirai avec toi; aussi en attendant, pour fournir au repas de demain,
prends ces quatre-cents francs, et garde
un profond silence.

Levraut, peu après, sortit de l'hôtel du
banquier, ruminant à la fantasmagorie in-
compréhensible qui passait sous ses yeux,
sans qu'il en surprit le secret. Presqu'en
même temps, le valet dépêché vers la rue
Rivoli, en revint porteur d'une carte à
jouer, sur le dos de laquelle ces mots
étaient écrits : *Demain, à neuf heures soit,
non pourtant chez moi, mais chez vous, comp-
tez sur mon exactitude.*

JULIEN SAURAGE.

Ce fut avec une joie malicieuse et infernale que le banquier vit la signature
du billet laconique.

— Bon, se dit-il, voilà contre lui de
nouvelles armes. Ah ! monsieur mon
frère, vous croyez me jouer? ou nous
marcherons d'accord et, pour cela, vous

me complairez en tout, ou vous verrez tomber sur votre tête un rude châtiment que vous ne pressentez pas.

Dutilloy en était là de son monologue lorsqu'on heurta légèrement à une porte d'intérieur; il tressaillit par un effet involontaire; ensuite revenant vîte à lui, il dit d'entrer, et alors parurent sa fille, M. Rumbel et l'avocat-plaidant Arsène, tous les trois ayant remarqué l'inquiétude de leur ami, père et beau-père, et voyant qu'il ne reparaissait pas, étaient venus s'informer de sa santé ou de la cause impérieuse qui le retenait si long-temps loin de la société.

Dutilloy rejeta son agitation sur la demande inattendue qui lui avait été faite du remboursement de onze millions à la fois, et dans vingt-quatre heures; cela l'avait surpris d'abord; mais ayant réuni ses ressources, il était parvenu, le soir même, à compléter ladite somme, et dès-lors il rentrait dans une paix que son seul amour-propre de gros remueur d'argent avait troublé.

— Aux termes où nous sommes ensemble, répondit le jurisconsulte à cette confidence, je suppose que vous ne m'auriez pas oublié, si vous aviez eu à faire un appel momentané à la bourse d'un ami.

Et Rumbel abaissant la voix, poursuivait :

— Je peux, en deux heures, déplacer trois millions à votre service; et en six, j'en trouverais quatre autres chez des camarades éprouvés.

— Grand merci, vous dis-je, tout est accommodé, et demain, presque au point du jour, la somme réclamée sera chez moi... Mais pour changer de discours, me permettrez-vous, Arsène, de vous faire mon compliment sur votre condescendance, sur votre facilité qui vous a fait enfin comprendre

Qu'il est avec le ciel des accommodemens.

Pardonnez - moi si en poésie je fais une faute, et si je gâte le vers ; mais, tel qu'il est, il rend très bien ma pensée.

— La mienne, répondit Arsène, qui se montra tout à coup singulièrement préoccupé, ne s'élève pas jusqu'à saisir le sens de vos paroles.

— Mon cher gendre, elles sont cependant bien claires, en acceptant la charge d'avocat-général à la cour royale, il est certain qne vous ne suivrez pas la cause des deux enfans à travers tous les degrés divers de juridiction, où les égareront le bris des arrêts que lancera la Cour suprême. Dès-lors, le ministre regagnera dans d'autres ressorts ce que vous lui avez fait perdre dans celui-ci.

— De par Satan ! s'écria l'honnête Arsène en voyant son père applaudir au propos du banquier ; dans quelle époque vivons-nous, et à quels chefs les hommes ont-ils affaire ? Quoi ! cette charge que je croyais la récompense de mon zèle, de ma probité, de ma faible élo-

quence, ne serait que le prix infâme dont
on paierait mon honneur flétri !

— Mon fils, tu te crées des chimères,
se hâta de dire le jurisconsulte, averti
trop tard de l'école que le banquier venait de faire, auras-tu l'âme assez ingrate
pour flétrir, par des soupçons odieux,
un acte, au contraire, de pleine loyauté,
et digne des plus beaux temps de notre
histoire.

— Le croyez-vous, mon père ? Là, franchement, êtes-vous persuadé que l'intention du ministre est telle que vous le
prétendez ?

— Pourquoi ne serait-elle pas ainsi ?
Es-tu dans le monde le seul vertueux ?
et ton désintéressement est-il assez farouche pour ne pas vouloir admettre que
d'autres le partagent au même degré ?

— Quant à moi, se prit à dire le banquier, je suis convaincu de la délicatesse,
de l'honneur, de la pureté du ministre.
Est-il à propos de tourner toujours notre
esprit à la méfiance, de ne voir dans au-

trui que le contraire de nous? et parce
qu'en riant je calomnie son excellence,
voici un insensé qui prend au sérieux un
propos que je n'émettais que pour nous
égayer réciproquement.

—Soit, monsieur; soit, mon père, dit
enfin le futur avocat-général, après s'être
maintenu assez long-temps dans un morne
silence; je souhaite, je désire, ardemment, que *son excellence*, comme le
qualifie mon père, que les titres irritaient avant 1830, à cette époque où
il s'honorait d'être républicain, je désire, dis-je, que le ministre me prouve
victorieusement combien j'étais injuste
à son égard. Un moyen de l'amener à
cette explication me reste, et certainement je ne le refuserai point.

—Ne vas pas faire un acte de folie,
dit le jurisconsulte à son fils.

—Arsène, ajouta le banquier à son tour,
songez que la main de ma fille est attachée au *statu quo* actuel... Mais à propos,
Rumbel, j'ai à vous consulter sur une af-

faire contentieuse, et, puisque je vous tiens ici, je vais en profiter et doublement, car, vu l'occurrence, comme je ne suis pas chez vous, vous ne ferez pas envers moi comme fit l'aîné des D.... envers la comtesse Dumanoir (1); et vous, les enfans, retournez au salon, on va y porter le punch, les glaces et les meringues.

Arsène et Tècle quittèrent le cabinet; ils traversèrent un couloir qui les amena dans un petit cabinet également orné et faisant partie des salles où l'on recevait la compagnie; il était vide en ce moment; bien qu'il y eut du monde dans la pièce précédente: les amans s'y arrêtèrent sans s'asseoir; ils s'adossèrent à la tête d'une chaise longue à l'antique et carrée, et là, en jetant sur son époux futur un regard plein d'amour, Tècle se mit à dire :

— Vous avez entendu mon père, et

(1) A rechercher dans les mémoires du temps cet acte de désintéressement du Cincinnatus *D....-Souliers.*

maintenant notre hymen ne dépend que de nous.

—Je ne sais, répliqua le jeune homme tandis que sa main pressait son front, je ne sais si la Providence nous destine au bonheur : mais ce qu'il y a de positif, c'est qu'elle nous le montre parfois, et puis qu'elle creuse soudainement un abîme entre nous et elle, de manière à nous empêcher de le franchir.

— Arsène, soyez raisonnable, ne demandez à l'espèce humaine que ce qu'elle peut avoir de vertu ; ne vous éloignez-pas si fort d'elle que vous ne puissiez plus vous comprendre ensemble; quant à moi, je sais trop ce que vous allez faire, et, si vous le faites, notre mariage sera rompu sans retour..... Vous vous taisez... ah! jamais vous ne m'avez aimée.

— Je vous aime, ma bonne Tècle, je vous chéris avec une telle violence, que je vous donnerai ma vie si vous me la demandez; et croyez-bien que ceci ne sera pas une forfanterie, une de ces paroles

jetées en l'air ; mais à votre tour, si vous
êtes ma sincère amie, si réellement vous
avez de la joie à devenir ma femme, sup-
porteriez-vous que je vous présentasse un
nom flétri, que l'on montrât au doigt celui qui, pour une fortune périssable, aurait sacrifié des orphelins à son avidité.
Voilà ma position ; si j'accepte la charge
qu'on me donne, ces malheureux enfans
sont perdus, et qui ne dira pas que je les
ai vendus au crédit, au pouvoir de leur
adversaire ?

— Vous avez raison, répondit Tècle en
versant des larmes abondantes, non, vous
ne pouvez souiller votre réputation.

— Ah ! vous êtes un ange, s'écria le
jeune homme en la serrant frénétique-
ment dans ses bras, vous êtes la plus noble des amantes, vous serez la meilleure
des femmes, et avec vous je ne craindrai
ni une mauvaise partie ni un perfide conseil.

— Mais, mon ami, ne pourriez-vous
à la fois contenter votre devoir et mon

père? est-il donc impossible d'accorder le monde et la vertu.

— Tècle, ne perdons pas toute espérance; en même temps que M. Dutilloy a brisé mon âme en y laissant pénétrer une lumière fatale, j'ai imaginé une démarche qui peut-être accommodera tout; il est possible, comme je l'ai dit, que ma sévérité envers le ministre soit injuste; il y a, de par le monde, des hommes qui, comme le Figaro de Beaumarchais, valent mieux que leur réputation. Lui, peut-être, sera de ce nombre; en conséquence je tenterai d'aller à lui; il lira dans mon âme, je ne lui cacherai rien de ce que je pense, de ce que je veux faire; et l'amour, ou plutôt Dieu nous sauvera de cet abîme où, si nous y laissons cheoir notre prospérité, du moins sera-ce l'honneur que nous en relèverons : espérons, je vous le répète; mais, s'il faut périr, que ce soit du moins sans avoir de reproches de conscience à nous faire.

Tècle pressa la main de son amant sur

son cœur et même y laissa une larme ;
puis, regardant Arsène avec des yeux
remplis de passion et de douleur, elle s'é-
loigna, et, traversant rapidement le cabinet et la première pièce, elle se retrouva
dans le tumulte des salons principaux.

Aussitôt qu'elle reparut, le prince
Christian accourut et se plaignit de ce
qu'il osa appeler son éclipse ; elle, pour
se justifier, tant elle était en crainte que
la malignité ne compromît sa réputation,
prétendit avoir passé ce temps avec son
père.

— Et avec un homme bien heureux,
répartit le prince, car lui aussi nous a
quitté en même temps que vous ; et, tenez, précisément, mademoiselle, le voilà
qui nous revient avec vous et par le même
chemin qui vous a rendue à notre impatience ; aussi, je crois avoir le droit de le
dire, nous devons tous envier le bonheur
de celui-là.

# XIV

## Un autre Coup cervier.

> Différens de religion, de peuple, de
> lois, d'époque, de mœurs et d'habi-
> tudes sociales, ils n'ont tous qu'un
> même cœur et surtout qu'une pensée
> unique : GAGNER DE L'ARGENT.
> — *Recueil de Maximes.* —

Deux heures du matin sonnent à la paroisse Saint-Leu lorsqu'un homme âgé, de
petite taille, mais possesseur d'un embonpoint peu ordinaire, entre dans la rue
Quincampoix par celle Aubry-le-Bou-

cher, deux domestiques sans livrée, mais
dont la profession est dénoncée par le
seul fait de leur marche respectuéuse en
arrière du conducteur, le suivent silen-
cieusement; parvenu tout auprès de la
petite rue de Venise, il s'arrête, examine
les maisons, et, ayant reconnu celle où ses
affaires l'appellent, il y va d'un pas plus
rapide, et heurte deux fois de trois coups
la première et d'un seul-l'autre, puis il
claque des mains à diverses reprises, et
toujours ayant soin de compléter un
nombre mystérieux.

On ne répondit pas d'abord; il recommença son manège sans plus de succès;
mais lorsqu'il reprenait le marteau pour
l'agiter encore, une lueur pointa à la fenêtre d'un entresol; bientôt le contre-
vent fut poussé, un vitrage s'entr'ouvrit
et l'on vit passer au travers, d'abord une
lampe qui projetait une vive lumière,
puis un bras couvert d'une robe-de-cham-
bre sale et trouée; enfin le buste d'un
vieillard au front ridé et jaune comme du

parchemin; ses yeux ardens et remplis de malice disparaissaient presque sous des sourcils encore d'un noir d'ébène; le nez crochu comme le bec du vautour se repliait vers une bouche démeublée et à l'expression satanique; il y avait dans cet ensemble une sorte de ressemblance positive avec les portraits de Voltaire.,. de Voltaire peint dans sa décrépitude.

— Qui est là?... qui vient troubler si nuitamment le repos du pauvre monde, demanda le vieillard, tandis que ses yeux, à la clarté de la lampe qu'il promenait de manière à éclairer la rue, examinaient et comptaient les survenans.

— Soyez sans inquiétude, respectable Salomon Ben Ephraïm, il n'est ici ni voleur ni assassin, mais votre ancienne connaissance qui, dans notre jeunesse commune, répondait si joyeusement au sobriquet de *petit prophète*.

— Ah! ah! réplique l'Israélite en s'efforçant de rire, ce qui, en lui, ne produisit qu'un râlement, c'était le bon temps,

le temps qui nous a quitté sans retour ;
eh ! compère Loyset, quelle bonne fortune
vous conduit nuitamment à mon pauvre
logis.

— On a besoin, chez nous, d'apprendre au plus vite des nouvelles du Saint-
Charles, et où les trouver si ce n'est chez
vous ?

— Bon ! bon ! je vous entends.

Et, à la manière dont le juif parlait, il
était facile de reconnaître que la phrase
débitée par le caissier de Dutilloy avait
un sens caché tout différent de celui qu'il
présentait naturellement.

— Mais, poursuivit le même interlocuteur, à qui sont ces deux honnêtes camarades qui vous flanquent comme s'ils
étaient chargés de répondre de vous.

— C'est qu'en effet je les ai pris en manière de sauve-garde : votre quartier m'est
suspect, et, à mon âge, les mauvaises
rencontres sont à craindre. Mais au nom
du Dieu d'Israël que vous adorez et que
je vénère, ne me laissez pas morfondre

dans une rue où viennent je ne sais d'où
les vents coulis.

Salomon Ben Ephraïm recommença
son rire guttural, recula d'abord sa tête
et sa poitrine, puis son bras et sa lampe;
enfin referma le volet, puis la fenêtre, remit par derrière la barre de fer qui la sou-
tenait et la rue Quincampoix ne fut plus
éclairée que par la pâle lueur du réver-
bère; dix minutes s'écoulèrent; le caissier les employa à juroter; ses accolytes,
d'ailleurs immobiles, se contentaient de
bâiller.

Cependant, à l'intérieur du logis où
l'on allait les introduire, ils entendaient
un bruit multiplié et croissant de verroux
tirés, de cadenas ouverts, de clés-maî-
tresses tournant dans diverses serrures,
tout apprenait la confiance du juif en la
probité des gens de son quartier et de la
loyale cité parisienne; enfin, après qu'on
eut ouï tourner en criant sur leurs gonds
deux grilles de fer massif, et une porte
intérieure, celle donnant sur la rue, dou-

blée en cuivre au-dedans, et contenue par deux énormes poutres appuyées aux deux côtés de la muraille, livra passage, dans son entrebâillement, aux trois individus, charmés de changer l'air de la rue contre celui plus chaud de l'intérieur d'une maison.

Il y avait d'abord une allée garnie de bancs de bois; ce fut là où Ben Éphraïm reçut la visite qui lui survenait : le vieillard était seul, au moins nul aide ne se montra; mais deux énormes chiens de Terre-Neuve, l'un au poil noir, et l'autre jaune, lui servaient d'accolytes, sans le quitter d'un pas. Marchait-il, eux le devançaient; s'arrêtait-il, ces bêtes intelligentes, assises soudainement sur leur train de derrière, attachaient leurs yeux sur les siens, prêts à exécuter son commandement.

— Compère, dit l'Israélite en posant sur un banc une bouteille à ventre large, je présume que ces bonnes gens (les domestiques) n'assisteront pas à notre conférence,

et pour les distraire et leur faire éviter
l'influence des vapeurs malsaines de la
nuit, je leur apporte un échantillon de
Mâcon, pareil, sans doute, à la liqueur cé-
leste que produisait la Judée lorsque les
ruisseaux de lait et de miel y coulaient à
plein bord : quant à nous, gens sages et
qui pouvons vivre sans boire toujours,
allons dans mon laboratoire où nous causerons plus intimement.

Loyset, accoutumé aux usages de la maison, suivit son guide qui par mégarde en-
ferma les domestiques dans le vestibule,
où il les laissa avec une chandelle allumée
et deux verres ébrêchés pour déguster son
nectar, les deux compères montèrent l'escalier jusqu'à l'entresol, tournèrent à
droite, traversèrent deux chambres dégar-
nies de meubles, sauf des bancs pareils à
ceux d'en bas, et parvinrent à une pièce
prenant jour dans un ciel ouvert de douze
pieds carrés; à peine si à midi on s'y doutait que le soleil éclairât le monde, mais

une lampe qu'on pouvait dire perpétuelle
l'éclairait continuellement.

Des étagères de bois blanc chargées de
cartons à demi-brisés, des passages de la
bible hébraïque encadrés dans de l'ébène
formaient les seuls ornemens de ce lieu
de désolation, dans une sorte d'alcôve on
voyait un grabas où reposait Ben-Salomon
et vis-à-vis un modeste bureau peint en
noir, une écritoire de liège, quelques mains
de papier commun, un siège en maroquin
noir servant de trône au Juif et sept ou
huit chaises, chacune rompue soit au dos-
sier, aux pieds ou désempaillée achevaient
l'ameublement du lieu, servant tour-à-tour
de cabinet de travail, de salle à manger et
de chambre à coucher.

Celui que ses affaires conduisaient dans
cette maison pour la première fois, ne
pouvait que plaindre la misère absolue du
malheureux contraint à vivre ainsi ren-
fermé ; mais les habitués ou vieilles connaissances de Ben-Salomon savaient que
sous cette apparence de pauvreté hideuse

était dissimulée la fortune la plus considérable de tout Paris.

Chaque porte franchie était soigneusement refermée, enfin on arriva à la pièce que je viens de décrire, et tandis que le Juif s'asseyait sans façon à sa place accoutumée, Loyset dut s'occuper de choisir une chaise encore assez solide pour ne pas s'écraser sous lui, il n'eut cette certitude qu'à la septième examinée, alors il prit place vis-à-vis son ancien ami.

—Vous vous faites rare, compère Loyset, dit Salomon Ben-Ephraïm, voici neuf mois que vous n'êtes venu troubler mon sommeil, faites-vous donc des affaires merveilleuses, ou songeriez-vous déjà à la banqueroute, afin de pouvoir quitter plus tôt et plus honnêtement.

— Oh! Ben-Salomon, nous sommes d'autres gens, nous avons de meilleures idées en tête, demain ou jeudi au plus tard nous serons installés en pied à la direction générale des manufactures et du commerce.

— Ce sera beau, très beau et cela pro-
curera-t-il la connaissance anticipée des
révélations du télégraphe?

— Sans doute.

— Dans ce cas, présentez mes humbles
civilités au patron, et dites-lui que je lui
offre trente pour cent net des bons coups
que je ferai grâce à lui, je me chargerai
de tout, lui n'aura qu'à récolter.

— Tout peut se dire, tout peut se faire
entre gens probes et mystérieux, ne me
parlez pas de ces commerçans d'aujour-
d'hui qui s'en vont criant à tous ce qu'ils
font avec chacun.

— Aussi la culbute est au bout du fossé..
mais il est tard, le repos nous est nécessaire, que me voulez-vous?

— Nous avons reçu des grandes Indes
un encaissement de onze millions pour le
compte de sir Belton.

— Je le sais, voici quatre mois que ces
fonds travaillent.

—Eh bien, hier au soir, l'agent de ce

Nabab est arrivé, il faut que ce matin à midi la somme lui soit remise.

— Et vous ne l'avez pas chez vous.

— Plus bête en aurait profité, et comme vous venez de me le dire, ces millions suent à notre profit, cependant en réunissant notre avoir du moment nous pouvons en faire cinq, deux cents mille francs, je viens vous demander l'appoint.

—Cinq millions huit cents mille francs.. la somme est rondelette et on ne la trouverait pas chez tous mes confrères.

— Aussi je suis venu droit à vous.

— Sans arrêt en chemin?

— Foi de banquier.

—Ah! Loyset, tu me trompes, je gage que tu as vu Gobseck Nucingen et les autres.

— Vous êtes le premier, le seul.

—Allons, soit, et pour combien de temps faut-il ladite somme?

— Ou jusques à tantôt à quatre heures, ou pour huit jours révolus.

— J'entends, selon que l'agent les pren-

dra ou vous les laissera de confiance,
s'il le faisait, Loyset, onze millions! Ah !
pour tout homme habile ce serait bien là
le cas d'un malheur.

— Loyset, dit-il, *on y songe* ou bien c'est
*à y songer* ; la phrase fut débitée si vite et
à voix si retenue qu'Asmodée qui m'a ré-
pété ceci, m'a fait l'aveu qu'il ne l'avait
entendu qu'à demi, cependant le sourire
du Juif en prit plus de malice et à son tour
Ben-Salomon se mit à dire rondement.

— Quelques heures, une semaine, cela
vaut-il la peine de faire rouler les écus?
les miens, à moins d'un mois de prime, ne
sortiront pas de mon cabinet.

— Soit, va pour un mois, et on vous
les rapportera le trente au matin.

— Que dis-tu là, voleur effronté, tu ne
me demandes mes fonds que pour huit
jours au plus tard, et tu en ajoutes vingt-
deux autres, ce n'est pas ainsi que je me
laisse duper, ayons chacun notre parole
et tenons-nous-y; la vôtre est d'une se-

maine, la mienne de quatre à peu près, traitons à ces conditions.

— Si bien, que nous aurons des fonds pendant cent-quatre-vingt-douze heures, et que leur intérêt sera payé pour l'espace de sept-cent-vingt.

— C'est toi qui le dis, compère, au demeurant, accepte ou le marché est nul.

— Et l'intérêt?

— Oh! peu de chose, ton patron est déshonoré s'il ne paie comptant, ceci doit entrer pour beaucoup dans la balance ; mais ce qui ajoute étrangement à cette considération, c'est qu'en comptant à l'heure fixe, la confiance augmente, et que par là, on peut un jour retenir pour soi les onze millions entiers, ou dix au moins, car, dans toute honnête banqueroute du temps, dix pour cent de dividende est énorme. Or, celui de onze millions est d'un million cent mille francs, il en peut donc rester à ton patron, neuf millions neuf-cent mille francs. Vous me donnerez des garanties très convenables, des dépôts de rente ou d'actions de la banque, la vente en blanc de terres et d'hôtels et je palpérai seulement soixante mille francs si le tout m'est remboursé tantôt, ou cent mille, s'il ne l'est que dans huit jours, de plus, ton patron m'enverra deux-cents bouteilles de son meilleur vin d'Epernay et me donnera, par écrit, la promesse de s'entendre avec moi relativement au télégraphe, aussitôt qu'il sera entré dans le tripotage du gouvernement.

Loyset, écouta ce discours avec une colère croissante et visible, ses propos allaient la manifester, mais le malin Israélite, lui coupant la parole.

— La nuit s'avance, acceptes ou pars, tu reviendras au point du jour avec le billet que j'exige de ton patron, et je tiendrai les valeurs prêtes, en bons billets de banque ou effets signés de mes co-religionnaires, les Rodschild. Tu crois l'argent commun, c'est une erreur, il est rare, très rare, et sans la confiance de mes frères en Moïse, hélas ! je ne pour-

rais pas te procurer le premier million
des cinq millions huit cent mille francs
dont vous avez besoin.

Cette conclusion acheva d'irriter le
caissier. Le juif avait parlé jusque-là, de
manière à laisser croire, qu'oubliant le
chiffre, d'abord demandé, il fournirait la
somme entière, mais non, il ne l'entendait
pas ainsi : pour l'intérêt, il semblait prêter
le tout, et en réalité, il n'en livrerait
guère plus de la moitié ; mais Loyset pé-
rora en vain, ce nouveau loup-cervier fut
impitoyable, il fallut se soumettre à ses
exactions, et repartir les mains vides pour
revenir encore, lorsque l'on s'était fait accompagner par les deux domestiques, uniquement en l'honneur du magot ; enfin,
l'affaire était conclue, et l'honneur de la
maison demeurerait à couvert.

# XV



## Le coup de sonnette.

> Ce qui déconcerte toujours le plus habile, c'est lorsqu'on lui arrache ses armes, et qu'on les tourne contre lui.
> — *Recueil de Maximes.* —

L'habitude du banquier, était de ne pas perdre une heure de son temps, et de préparer à l'avance tous les ressorts que, dans un laps de temps donné, il aurait à faire marcher. Le même soir, où tant de

scènes diverses avaient eu lieu chez lui,
il s'était approché d'un de ses convives,
l'un des personnages lès plus importans
de la police parisienne. Bras droit des
ministres, des préfets, on ne faisait rien
sans lui, et souvent, lui, prenait des mesures d'urgence, dont il ne rendait compte
qu'après leur exécution. Dutilloy vint à
lui, et au moyen d'un mensonge, qu'il
habilla en forme de vérité, il parvint à
en obtenir l'envoi, le lendemain, de deux
fidèles et braves agens. Le banquier s'était
plaint d'une tentative de filouterie, à son
préjudice, qui aurait lieu le jour suivant,
et pour la déjouer, il fallait que le fourbe
principal fat saisi dans le cabinet du banquier.

Celui-ci ne se coucha pas pendant cette
nüit mémorable. Loyset, dont il attendait
le retour avec anxiété, avait été dépêché
par lui, comme on a vu, vers un de ces
Crésus, enfans d'Abraham, qui tiennent
des fonds prêts pour répondre aux besoins instantanés des bonnes maisons de

commerce ; il savait que sa caisse ne contenait pas les onze millions, et il tenait plus que la vie à ce que son frère ne le soupçonnât pas embarrassé ; il l'était au fond, des spéculations insensées, l'orgueil de tout faire pour qu'on le plaçât au rang des premiers Crésus de l'époque, le luxe effréné de sa femme, le sérail divisé en quatre maisons, où lui entretenait à grands frais des femmes à la mode, sans que chez lui on le soupçonnât (et madame Méville était une des quatre), son recul des affaires depuis que, devenu ambitieux, il s'était fait courtisan des dépenses de son fils, tout s'était réuni pour ébranler en partie sa fortune, si belle, si bien établie tant qu'il n'avait pas voulu être autre que négociant.

Il se promenait, s'approchait du feu, tisonnait, puis prenait une plume, traçait quelques mots, ouvrait un livre, rêvait de sa journée du lendemain, à l'entrevue décisive qu'il aurait avec son frère aîné. Qu'en découlerait-il ? parviendrait-

il à dompter cette âme qui lui avait paru
énergique..... Oui, sans doute, il l'emporterait; il avait à faire briller un tel
lucre aux yeux de celui-là; que, le ju-
geant comme lui, il ne doutait pas que
l'amour du gain ne le poussât à une action criminelle..... S'il s'y refuse, pensa-
t-il, eh bien! le châtiment retombera
sur sa tête. Oh! nous verrons.....

Loyset, survenant, changea le cours
de ses idées; il écouta attentivement la
narration qui lui fut faite, s'indigna des
prétentions odieuses du loup - cervier
d'Israël; surtout il balança long-temps à
accorder la contre-lettre; mais si on la
lui demandait, il devait n'en accuser que
lui... que lui qui, s'imaginant éblouir par
cette confidence Ben Salomon, avait re-
commandé à son agent de ne pas l'oublier au nombre des appaux qui devaient
attirer l'homme de la rue Quincampoix.
Cependant, comme avant tout il tenait à
l'emporter sur son frère, il exécuta scru-
puleusement les conditions du traité,

pourvu que la somme précitée fût chez lui avant neuf heures. Loyset y mit tant de diligence, que les onze millions, un en or, six en billets de banque, le reste en lettres de change sur les vingt meilleures maisons de commerce de Paris, couvraient son bureau et une table ronde qui était près de lui.

Chaque fois que Loyset était employé à une expédition de ce genre, Dutilloy, afin de lui clore la bouche, né manquait pas de lui faire un riche cadeau. Cette fois, il paya son zèle de deux boutons de diamant de cinq mille francs chacun. Ce loup-cervier savait que pour empêcher les louveteaux de hurler, il fallait leur remplir la bouche. Malheur à l'intrigant égoïste qui, en travaillant pour soi, dédaigne de récompenser autrui.

A neuf heures précises du matin, le valet de chambre du banquier annonça M. Julien Saurage ; Dutilloy frissonna involontairement à ce nom prononcé, puis se raidissant contre la voix de sa conscience, il se redressa, leva haut la tête, et salua le nouveau-venu avec cette indifférence apparente qu'on emploie envers ceux qui nous sont inconnus de tout point.

— Que me voulez-vous, Barthélemy? demanda Denis-André Delotry.

— Hier, repartit le banquier ; hier, monsieur, en affectant une défiance inconvenante, en employant un procédé de hâte que l'on repousse dans le haut commerce, vous fixâtes à midi d'aujourd'hui la reprise des onze millions que j'avais acceptés pour le compte de votre maître ; ne voulant pas prolonger de trois heures l'anxiété à laquelle vous étiez livré sans doute, j'ai donné ordre à mon caissier de ramasser la somme, et la voilà, monsieur, à votre disposition.

Denis Delotry s'approcha de la console et du bureau, prit un paquet de billets de banque, ne compta que ça, examina quelques effets de commerce, ouvrit un des sacs d'or, mit la main dedans, la

ressortit pleine de pièces, et se mit à
examiner, non en essayeur de métal,
mais en amateur du sublime, la figure si
héroïque du premier consul Bonaparte ;
puis il se recula de ces millions, et reprit
sa contenance indifférente.

— Veuillez, monsieur, dit le banquier
en désignant du doigt les valeurs, en
débarrasser ma responsabilité le plus tôt
possible.

— En vérité, lui fut-il répondu avec
une expression moins sombre que celle
de la veille, je serai fort peu à mon aise
avec une telle somme chez moi.

— La Banque recevra ce dépôt.

— Oui, sans doute, mais ne vaut-il
pas mieux qu'il me rapporte... qu'il soit
profitable à sir Belton ?

Un éclair de joie maligne brilla et
disparut rapidement dans les yeux du
banquier à ces dernières paroles de son
frère.

— Il est tel que moi, pensa-t-il, et sans
peine nous pourrons nous entendre.

— Ainsi, dit Dutilloy, vous voudriez placer avantageusement cette somme?

— C'est mon désir.

— Hier, vous pensiez autrement.

— Peut-être, mais la nuit a porté conseil, et je peux tout laisser ici un mois encore; cela vous convient-il?

— Vous êtes fantasque; hier, vous me déclariez la guerre; hier, vous vous prétendiez le délégué d'un père... Que je ne me connais pas... Hier, enfin...

— Aujourd'hui j'ai cru à votre amendement, à un retour sur vous-même. Barthélemy, me serais-je trompé?

— Monsieur, encore aujourd'hui vous m'appliquez un prénom qui n'est pas le mien; je me nomme Jules-Henri Dutilloy.

— Seriez-vous assez bon pour me montrer votre acte de naissance?

— Monsieur, s'écria le banquier, pourriez-vous, à votre tour, m'exhiber le vôtre? Qui êtes-vous? Est-ce Julien Saurage, ou bien Denis-André Delotry?

— Vous penseriez....

— Que vous êtes un fourbe, un homme sans nom, car vous en prenez deux; le véritable que vous cachez, peut-être vous sert à couvrir un crime que vous avez commis.

— Un crime! moi... je vous somme de m'en fournir la preuve.

— Elle viendra sous peu; mais au point où nous nous trouvons, que je me mette en règle vis-à-vis de vous; et puisque j'ai rendu l'argent que l'on réclamait avec tant d'insistance, c'est bien le moins que le reçu m'en soit donné.

— C'est juste, monsieur; mais ce répit ne vous servira guère.

— C'est ce que nous verrons.

Cependant Denis, tout à sa colère, a rapidement tracé sur une feuille timbrée une quittance et son nom; il prend à peine le loisir de composer les mots, et dès que la date et la signature ont complété la pièce, il la laisse sur le bureau, et d'un geste dédaigneux, la désigne au banquier.

De plus en plus le front de Dutilloy s'illumine, son regard s'enflamme, sa bouche emprunte le rire qui nous vient des enfers ; bientôt à son tour il s'approche du bureau, saisit la pièce prébante la lit à haute voix, et dès qu'il a prononcé le nom de *Julien Saurage :*

—Tremblez, dit - il, audacieux qui m'avez menacé ; vous venez d'agir en faussaire. Cette signature n'est pas la vôtre ; vous êtes Denis-André Delotry.

—Ah ! tu me reconnais, mon frère ; la nature parle-t-elle tardivement à ton cœur ?

— Moi, votre frère, misérable ! Je ne le suis ni ne veux l'être. Et vous-même, qui êtes-vous? La vérité m'est connue, l'agent de sir Belton est mort assassiné, vous avez pris son nom, vous agissez à sa place, faussaire, meurtrier ; êtes-vous encore voleur ?

A ces funestes accusations auxquelles

Delotry l'aîné est si loin de s'attendre,
sa vue se trouble, ses idées s'égarent; un
instant il demeure immobile, baissant
les yeux à terre, et partagé entre une colère bien légitime et un morne désespoir.
Le banquier, préoccupé de sa conjecture,
la voit réalisée par ce qui lui semble l'ef-
froi du coupable pris sur le fait. Au fond,
peu lui importe que son frère ait souillé
sa main de sang; mais à l'aide de ce for-
fait, lui s'emparera de ce frère, et au
lieu d'avoir en lui un antagoniste, il aura
un esclave, et, selon toute apparence, une
poule aux œufs d'or. Cependant il faut agir,
li faut achever de frapper sur ce cœur déjà
ramolli par la crainte, et, au moyen de
l'épouvante, arriver à le pétrir comme
une cire molle. En conséquence, il s'approche de lui, et prenant la parole :

— Monsieur, on ne peut me tromper,
je vois tout, et, depuis hier, je vous ai
suivi dans toutes vos démarches pour
m'éblouir, pour m'ôter les moyens de
vous juger; vous avez voulu me tourmen-

ter, en me réclamant, en moins de vingt-
quatre heures, une somme que naturellement on ne garde pas, lorsque surtout
elle ne vous est pas venue à titre de dépôt. Déjà ligué avec un drôle subalterne,
ou, pour mieux dire, un parent réel,
vous me l'avez détaché afin de me tendre
un second piège; et au moyen de ce
double manège, vous vous êtes flatté de
m'éblouir. Le ciel m'a secouru; j'ai appris, par une sorte de miracle, que
l'homme venu chez moi sous les nom et
prénom de Julien Saurage, s'appelait ailleurs Denis-André Delotry. Est-ce encore
votre nom véritable? Qui êtes-vous comme
paysan: Languedocien? vous êtes un vagabond; comme Saurage, vous avez la confiance d'un homme d'honneur; aussi vous
attacherez-vous à le paraître, et vous ne
l'êtes pas; vous avez assassiné un inconnu,
votre ami peut-être; vous avez pris son
nom, ses papiers, et sans doute allez
disparaître avec la somme énorme que
voilà.... Mais un mot encore, je vous ai

devancé, la police est instruite, et si je
tire le cordon, les agens vont s'emparer
de vous... de vous, entendez-le bien,
comprenez bien votre sort... Pourtant il
peut changer, s'améliorer même... Réflé-
chissez et répondez-moi.

Profondément épouvanté de la perver-
sité consommée de son frère, Denis Delotry reste dans une anxiété dont il ne lui
est pas facile de sortir; il entend dérou-
ler ce tissu dégoûtant d'accusations si
odieuses; il voit avec dépit qu'il a lui-
même fourni des droits à ce qui lui arrive. Comment nier ses deux noms? comment expliquer la cause de ce double dé-
guisement qui, si on pousse loin l'inves-
tigation, conduira à d'autres décou-
vertes?... Que doit-il faire et dire d'abord?
Surtout révélera-t-il au banquier tout ce
qu'il lui cache? Oh! non, ce misérable
en aurait trop de joie, et sa longue ingratitude ne serait pas punie. Cependant elle doit l'être; mais, d'un autre
côté, quel sens ajoute-t-il à ses dernières

paroles? Comment lui, accusé, peut-il changer, améliorer même son sort? Dans cette ignorance de ce qu'on veut de lui? Il prend le parti de s'adresser franchement à son frère; aussi lui demande-t-il ce qu'il attend de lui.

— Deux choses, lui est-il répondu : d'abord, que vous renoncerez à ce ridicule procès dont vous me menacez, par lequel j'aurais à reconnaître une famille dont je ne veux pas; ensuite vous comprenez qu'avec la garantie de votre décharge, je ne peux ni ne dois vous laisser retirer de chez moi, où elle est en sûreté, cette masse d'argent dont peut-être plus tard son propriétaire légitime me demanderait compte; je sais bien que si elle avait déjà disparu, la chose étant faite, la justification serait dans le titre que je tiens de vous; et si, par un accommodement, je vous laissais emporter deux... trois... et même quatre millions, le reste dont plus tard je vous rendrais compte... Julien Saurage, Denis-André

Delotry, ne vous perdez point, par une avidité exagérée, et si vous ne pouvez sauver du naufrage toute la cargaison, sachez en abandonner avec adresse ce que votre astuce n'a pu conserver.

— Infâme! répondit l'interpellé, en repoussant en lui une indignation dont il ne se sentait plus le maître, je te comprends, mais tu n'es pas au but de tes souhaits, je vais les déjouer et certes tu ne penses pas de quelle manière.

— Et toi, je le répète, n'as qu'à choisir, ou de ta liberté avec... cinq millions ou de la prison et de pis encore... écoute-le bien, on est instruit, si je sonne tant que tu seras ici, ce ne seront point mes gens seuls qui répondront, mais des gendarmes avec eux.

Il n'a pas plus tôt dit, que son frère, de plus en plus indigné, court vers la cheminée et agite avec force le ruban somptueux auquel pend une couronne de bronze doré, et à la stupéfaction sans

pareille du banquier, deux gardes municipaux et un officier de paix entrent spon-
tanément dans le salon.

# XVI

## Du Départ à la Chute.

Dans la route du vice, ceux qui sont
par derrière poussent en avant et ne
laissent pas le pouvoir de reculer.
— *Recueil de Maximes.* —

*La marquise de Sévigné*, ivre d'alcool et
de tendresse maternelle, ne pouvait suffire
à exprimer la joie qui débordait de son
cœur, enfin elle avait en sa présence, elle
serrait dans ses bras, son fils, son cher

Edmond, éloigné d'elle depuis tant d'années et qui lui était rendu ; l'extravagante avait déchiré le fichu qui voilait ses horribles appas, jeté sur le ciel de son lit son bonnet du matin et son peigne d'écaille, de telle sorte que ses cheveux épars et brouillés lui donnaient l'air, à la vérité assez éloigné, d'une Geneviève de Brabant.

Déterminée à tuer le bœuf-gras, afin de bien fêter le retour de l'enfant-prodigue, elle avait fait porter vingt bouteilles *de vin à quinze*, six d'eau-de-vie et deux de *parfait-amour ;* un pâté de veau, un jambon fumé et de la galette, conviant au repas improvisé, tour à tour et dans les instants de relâche, les demoiselles de l'établissement, le superbe Hyppolite, qui assurément ne l'était que par antiphrase, son neveu et le cousin d'Edmond, le farouche Robillet, Balthazard le farceur, le jeune Clovis ou Orrouis.

Il avait fallu éveiller ses terreurs maternelles pour la déterminer à ne point parler de son fils au ratatiné Levraut redouté de Robillet, non sans cause, et qu'Edmond Miltard, lui aussi, ne se souciait pas de rencontrer ; à part donc cet honnête homme, les amis étaient au grand complet, et tous admiraient sans aucune jalousie les belles manières et la beauté de l'enfant prodigue, si différentes, par son genre distingué, de celles d'Hyppolite et de Balthazard. Le voyageur de retour débitait *ses impressions* : c'était les reines qui l'avaient aimé, les empereurs tués en duel par *sa bonne lame de Tolède,* les banquiers pipés, en un mot, rien de ce qui manque aux récits de ce genre ; depuis l'attaque de voleurs inévitable, jusqu'à l'admirateur de nos propres faits, gestes, écrits rencontrés en plein vent sur les Alpes ou dans les mines de Hartz, ou à la table d'hôte sur laquelle on sert à point nommé le fameux beafsteck de cuisse d'ours.

La Miltard et ses tendres filles s'appitoyaient sur tant de naufrages et de malheurs ; les hommes moins crédules n'accordaient qu'une confiance circonscrite à ces récits merveilleux; ils duraient encore lorsqu'un vol de sémestriers survenus de leur terre natale avec la bourse passablement garnie, s'étant abattus dans la maison pudique, les demoiselles s'empressèrent d'aller leur faire un doux et facile accueil. La marquise de Sévigné, sachant qu'en des occasions semblables le devoir l'emporte sur le plaisir, s'éloigna avec les nymphes pour porter l'œil du maître et maintenir la décence là où il y avait à craindre qu'on ne lui fît de rudes accrocs.

Le troupeau féminin fonctionnant ailleurs, les amis restés seuls, la conversation verbeuse et insignifiante changea subitement. Robillet jetant son bonnet grec sur la table en signe de défi à tous les chevaliers d'industrie du passé et du présent, s'écria :

—Ah ! de par la barbe de bouc de mon grand-père, Edmond, traites-nous en hommes et laisse-là tes billevesées, tu vois des amis dans *la débine*, sans chef, sans ensemble, tous enfans néanmoins capables d'une affaire , et qui ne demanderaient pas mieux que de marcher sous ta conduite à quelques coups de main qui les remettent en fonds.

— *Per Baccho*, repartit Edmond Miltard dont les yeux étincelèrent de joie ; le cousin est toujours un homme. Ainsi donc, je vois ici un noyau de braves dont aucun ne manquerait à l'appel.

—Aucun, aucun, répartirent les autres, même Clovis, bien qu'une sorte de remords s'éveillât dans son cœur.

—Si la troupe n'est pas nombreuse, dit Robillet, elle est solide, ne l'augmentons pas aux dépens de notre sûreté. Nous sommes ici cinq qui en valons quinze ; n'allons pas chercher ailleurs des traîtres par couardise ou par calcul.

— C'est parler d'or, répondit Edmond en se dessinant chef de la ⬤nde, oui, restons ce que nous sommes, motus à ma chère mère qui, par amour de la phrase, rapporterait tout à Levraut ; mais motus

encore à ces donzelles..... Ah ! vous vous
récriez ! Eh ! mes camarades, les cotillons
ont toujours perdu les hommes, considé-
rez Louis XV, Henri IV, François I^{er},
Alexandre et Annibal.

— Sans oublier Salomon dans toute sa
gloire, dit malignement Clovis.

— Ah ! tu médis du sexe ! riposta Robillet encore en souvenance de sa main
trouée et non guéric... C'est donc par jalousie du métier.

— Vas-tu recommencer, Robillet, répondit à son tour Hippolyte. Nous sommes
tous là de bons enfans vivant en paix, toi
seul nous divises. Que diantre, chacun vit
à sa guise ; ne tourmente plus *notre femme
à la mode,* je la prends sous ma protection, et chaque coup de langue dont elle
se plaindra te vaudra un coup de cette
main ouverte ou fermée.

— Géant, je te brave au poing, au bâton,
à la savatte...

— Cousin, tu seras à l'amende, si tu
continues. Ici doit être la concorde, ne

soyons en guerre qu'avec les bourgeois.
Ainsi font les frères en Italie, en Allemagne, en Angleterre ; les Français seuls
se dévorent entre eux..... Amis, j'ai à
vous proposer une affaire superbe : la
plus riche maison de banque parisienne à
visiter ; mais, avant tout, il faudrait se
procurer dans cette place des intelligences..... d'où nous viendraient-elles ? et
pourtant quel coup à faire là.

— De qui parles-tu, cousin?

— Du banquier Dutilloy.

ROBILLET. Je ne le connais pas.

BALTHAZARD. C'est la première fois qu'on
me le nomme.

HIPPOLYTE. N'est-ce pas *monsieur Ro-
chid !*

CLOVIS. Non, mes amis. Celui-là demeure Chaussée-d'Antin, rue de la Victoire, numéro 160. J'étais encore chez lui
ce matin.

EDMOND. Que dis-tu, Clovis? ce matin tu
étais dans l'hôtel de Dutilloy.

CLOVIS. De ma propre personne, et j'y

reviendrai ce soir, si je veux, et demain encore.

HIPPOLYTE. Il aura tourné la tête de quelque femme de chambre *du bon ton*, tandis que moi je ne peux arriver qu'aux *chits chits* de la rue.

EDMOND. Et t'aime-t-elle bien, cette fille ?

Le jeune désœuvré allait avouer la vérité, nommer son ami, son compatriote Honoré, mais redoutant que Robillet ne recommençât le cours de ses mauvaises plaisanteries, il préféra faire prendre le change et laisser croire à ses compagnons de débauche que c'était avec une femme qu'il était en intelligence chez le banquier. Cette résolution prise, il répondit nonchalamment, ainsi que déjà il avait commencé, qu'en effet il pouvait compter sur l'amour de là jolie Honorée.

— Que je t'embrasse, mon divin garçon ! s'écria Edmond, par toi les portes de l'opulente demeure nous seront ouvertes, et si nous y pénétrons, amis, nous n'en sortirons pas les mains vides.

—Puisque le cousin parle sérieusement, dit à son tour Robillet, puisqu'il paie sa bienvenue par une aussi belle bourse à vider, je serais d'avis qu'on nous liât tous ensemble par une parole d'honneur ainsi que peuvent la donner de bons enfans tels que nous, et qu'on décidât de frapper de mort ou l'infidèle qui nous trahirait, ou le lâche qui reculerait dans le péril.

Clovis, non encore complètement engagé dans la route du crime, Clovis qui, en se targuant de ses rapports avec l'intérieur du banquier, avait cédé plutôt à cette jactance d'un jeune homme qu'au dessein arrêté à l'avance de participer à une mauvaise action, se sentit bien plus péniblement ému quand il se vit tout à coup sur le point d'être affilié sans retour à une bande de voleurs qui, nécessairement, finirait par le précipiter dans l'assassinat; il en advint qu'épouvanté de la proposition austère de Robillet il ne pût s'empêcher de répondre :

— Que sans doute il ne demandait pas mieux que de servir les amis, et de leur faciliter l'entrée de la maison dont il s'agissait; mais que de là à se lier par un serment de vie et de mort, lorsque son étourderie, sa distraction, son amour, peut-être, le porteraient à commettre des fautes involontaires, qu'on ne punirait pas moins sérieusement, il y avait loin. Qu'en conséquence, tout en s'engageant au serment le plus sacré envers ses chers camarades, il n'entendait point prendre une part directe à des actions qui, par lui mal conçues ou mal exécutées, n'en retomberaient pas moins sur lui.

—Ah! s'écria Robillet, voici déjà le drôle qui caponne ; il en sait trop pour ne pas le contraindre à aller plus avant.

— Cousin, répliqua Edmond, pourquoi du premier coup mettre tout au pire ? Clovis est jeune, inconsidéré, parleur, indiscret ; ce n'est pas pour se séparer de nous qu'il nous témoigne ses craintes, c'est seulement par la frayeur qu'il a qu'on ne prenne à mal ses démarches ; ne le contraignons pas dans le premier moment à nous imiter, contentons-nous de sa discrétion, profitons de ses intelligences dans la place dont nous formerons le siège plus tard, et lui plus ferme, il sera l'un de nos plus éprouvés vauriens.

Le jeune Orrouis, en entendant le chef de l'entreprise prendre ainsi sa défense, se sentit plus calme, et donnant à sa figure gracieuse une expression charmante de reconnaissance, il remercia Edmond de son appui, et protesta solennellement entre ses mains de sa sincérité, de son dévoûment et de son silence.

— Bien, bien, lui fut-il répondu par le fils de la nouvelle Sévigné, les amis n'en demandent pas davantage ; néanmoins, Clovis, et afin de ne laisser aucun doute sur ta sincérité, j'exige que dans ta chambre, ni chez Tavernier à la barrière du Maine, aux Tuileries, où tu voudras enfin, tu me mettes en présence de ta maîtresse, que je la voie, que je lui parle, et je serai satisfait.

Grâce à l'intervention propice d'Edmond, l'adolescent se croyait hors de danger. Que devint-il lorsque celui-là eut formulé le vœu de se rencontrer avec la soubrette prétendue? Était-il possible maintenant d'avouer la vérité? Ce changement de sexe dans cette personne n'imposerait-il pas des soupçons de sa véracité? Ne prêterait-il pas un nouvel aliment à la malice de Robillet? Il voulut retarder avant que d'accroître son embarras; et sans savoir comment il sortirait de ce pas difficile, il s'engagea témérairement à conduire Edmond, n'importe de quelle manière, auprès de sa bonne amie.

On se contenta de son serment; on acheva de boire le vin et les liqueurs; puis Balthazard, Hippolyte et Clovis sortirent ensemble : Robillet et Edmond de-

meurèrent seuls. Lorsque le premier de
ceux - ci eut entendu rire et chanter
dans l'escalier, il posa sa main encore
emmaillotée sur l'épaule de son nouveau
chef, et se mit à lui dire qu'un presesn-
timent le portait à croire qu'ils seraient
trahis lâchement par Clovis.

— Je le présume comme toi, répartit
Edmond, ce jeune homme n'est pas des
nôtres, né dans la bonne compagnie ; s'il
n'y tient pas sa place, s'il n'a pas achevé
ses études, il le doit à sa nonchalance, à
sa paresse, qui l'ont jeté d'abord en étranger parmi nous.

— Et si tu penses comme moi, cousin,
pourquoi le défendre ?

— Que pouvais-je faire, nos deux autres camarades nous auraient-ils aussi vite
livré son secret? Le fat Hyppolite l'aime, et
ne l'abandonnera qu'à bonnes enseignes ;
il faut donc attendre. Si on peut obtenir
par lui l'entrée chez le banquier Dutilloy, sa complicité nous l'attachera sans
retour, et devenu coupable à l'égal de

nous - mêmes, ses révélations ne nous tourmenteront pas. Si, au contraire, il a menti, s'il nous a trompés, si nous échouons dans cette première entreprise, alors, bien assuré que lui est devenu le traître, je ne balancerai pas à le frapper.

— Oui, oui, dit Robillet en hochant la tête ; mais ce qu'il y a de certain, c'est que notre perte, à tous, viendra de Clovis.

— C'est ton idée fixe.

— Jamais idée fixe ne m'a trompée.

## XVII

### Le Prince filou.

La prévention fait souvent un sot
d'un homme d'esprit.
— *Recueil de Maximes.* —

Les deux cousins n'avaient pas épuisé
cette matière lorsque l'on entendit la
sonnette de la porte extérieure retentir
comme si celui qui la faisait tinter eût
voulu en faire une cloche d'alarme. Ro-

billet avec Edmond en furent inquiétés;
la police, plus d'une fois, y avait fait des
descentes, et dans ce moment les nymphes, les habitantes, étaient attablées avec
les sous-officiers qui, tantôt, s'y étaient
présentés. La femme Miltard se tenait à
portée de les faire servir, et de veiller à
ce qu'on ne fît pas de bruit; il fallait
donc suppléer à son absence, et Robillet
s'en fût reconnaître qui donc s'annonçait
avec tant de fracas.

Edmond ne se souciait pas de se montrer chez sa mère; aussi n'y venait-il
qu'incognito. Et, dans cette circonstance,
ce fut sans jalousie qu'il céda à son parent le périlleux honneur de l'abordage.
Il s'écoula quelques momens; un colloque
s'établit, puis il cessa; et lorsqu'Edmond
aux écoutes croyait, en raison d'une seconde défiance, que l'étranger se retirait,
tout à coup, ce dernier entra dans la seconde chambre, précédé par Robillet qui,
s'adressant à Edmond, lui dit:

— Cousin, sais-tu, mieux que moi, où

est monsieur Levraut; voici un particulier qui le réclame, comme une bonne
nouvelle, et qui paraît déterminé à le
chercher comme s'il était une épingle dans
un paillier.

Robillet lancé aurait parlé plus long-
temps, si celui qu'il avait amené, après
avoir porté son regard sur Edmond, ne se
fut écrié avec une surprise mêlée de terreur.

— Ne me trompé-je pas? quoi! monseigneur, c'est ici que je trouve votre altesse sérénissime; je ne peux revenir de
mon étonnement.

Si Edmond, ainsi interpellé, demeurait
immobile et confus, Robillet, de son côté,
n'était pas moins stupéfait de cette reconnaissance, et surtout du titre de prince
donné si positivement à son cousin, mais
combien plus son étonnement ne s'accrut-
il pas, lorsqu'il eut vu celui-ci changeant
tout à coup de visage, de manières, de langage, lui montrer, à la place de l'ouvrier
endimanché, un personnage aux formes

hautes, nobles, impérieuses, il faillit
tomber de son haut; Edmond sentait, lui
aussi, la nécessité de colorer sa présence
dans cette maison, et surtout la parenté
si solennellement proclamée par un
imbécile.

— Parbleu, mon cher monsieur Loyset, peut-être ce sera à charge de revanche que je vous expliquerai pourquoi
je viens ici; mais vous-même qui n'aviez
pas l'excuse de mon âge, quelle fantaisie
vous pousse où une sotte singularité a
conduit, pour la première fois, le prince
régnant, Christian de Morgteinsten......
Comte de Nobendorff, poursuivit-il en
s'adressant à Robillet, véritablement aba-
sourdi de cette promotion inattendue,
nous avons joué de malheur dans notre
visite à un musico-français, puisque nous
nous y sommes laissé surprendre par l'honorable caissier du célèbre banquier Du-
tillo.

Au titre de comte qu'il entendit, Loyset s'empressa de reporter ses regards sur

Robillet, et le prestige d'un titre recommençant ici son influence, il crut remarquer dans cette tête triviale d'expression, dans les habitudes vulgaires de ce corps faubourien, des marques indélébiles du grand seigneur déguisé.

— En vérité, prince, reprit le caissier en aidant à se tromper soi-même, je ne m'étonne pas si tout à l'heure et dans la chambre, monseigneur, votre illustre parent me semblait si embarrassé à me donner des renseignemens touchant le bonhomme que je demande; mais votre altesse est-elle donc ici sans ses gens?

— Ils se sont établis dans un cabaret voisin, répliqua le personnage amphybie, prince souverain d'Allemagne chez le banquier, et chef de voleurs dans le mauvais lieu où on le rencontrait, mais ajouta-t-il, on veille sur moi; je me figurais plus de plaisir à cette vie de laisser-aller, d'abandon et de débauche, et quand vous êtes entré, je me préparais à en sortir.

— Que ma venue, monseigneur, ne

vous dérange point; je sais qu'il faut que jeunesse se passe, et quant à ma discrétion, je me flatte que son altesse ne me fera pas l'affront d'en douter.

— Ce serait mal à vous, parfait monsieur Loyset, mal, très mal que de me présenter à vos dames comme un pilier de ces infâmes maisons moi qui peux dire comme votre Athalie : *j'ai voulu voir, j'ai vu..* Attendez-moi, nous partirons ensemble... Mais, que dis-je, je ne dois pas vous déranger, je vous laisse, en vous conjurant d'accepter ce léger souvenir, afin qu'il vous rappelle une discrétion dont je sentirai vivement le prix.

A ces derniers mots, Edmond sortant de sa poche une tabatière en or, enrichie d'un précieux camée antique, la mit dans la main du caissier de la maison de banque Dutilloy, et puis se tournant vers Robillet qui regardait la scène la bouche béante.

—Allons, mon cousin, nous dépouiller de ces vêtemens infâmes, et reprendre les seuls convenables aux personnes de notre rang.

—Si je devine ce qui se passe, ce qui en retourne, je veux bien que le diable m'emporte, dit étourdîment Robillet qui, comme frappé de paralysie, ne savait à qui il avait affaire, et qui n'entendait même pas l'ordre d'Edmond; cependant ayant remarqué que celui-ci prenait le chemin de l'escalier, il courut sur sa trace, et tandis qu'il descendait, tout hors de lui, il disait encore à Edmond.

—Quoi! tu lui as donné cette belle boîte, dont Salomon Ben-Ephraïm nous eut accordé vingt louis au moins, et que j'ai eu hier tant de peine à flouer à ce probe monsieur Clééman, en face de l'étalage Martinet.

— Te tairas-tu, traître... traître! descendras-tu; voilà tout ce qu'Edmond, bouleversé lui aussi, pouvait dire, et qu'il répéta sur toutes les gammes jusqu'à ce qu'enfin l'un et l'autre fussent dans la rue. Là, Edmond retrouvant son sang-froid ordinaire, enjoignit à Robillet de remonter rapidement par le degré secret, afin de prévenir la marquise, non de ce qui venait d'avoir lieu, mais qu'elle ne se montrât pas à Loyset, et qu'aucune de ses pensionnaires ne répondît aux questions qu'il ferait probablement.

Admirant avec joie le présent royal qui venait de lui être fait, le caissier encore seul se félicitait de cette rencontre inattendue; Loyset avait trop vécu pour ne pas comprendre quel avantage, quel empire même il prendrait sur le prince dans la maison du banquier; certes, il n'avait pas été la dupe de la couleur donnée à la présence du grand seigneur dans un pareil lieu; mais en se montrant discret, son altesse sérénissime ne manquerait de l'en récompenser par de nouveaux présens, ou mieux encore par quelque grand service.

Plus que jamais l'assistance de Levraut devenait nécessaire à Dutilloy, au désespoir de la tournure inattendue que les moindres choses prenaient autour de lui,

et afin de s'en démêler à l'aide d'auxi-
liaires, de satellites habiles et énergiques,
il faisait redemander le plus subtil, le plus
malicieux de ses agens.

On a vu à la fin du chapitre XV, le début du nouvel incident par lequel Denis
Delotry, menacé par son frère d'appeler
la gendarmerie, s'il ne se soumettait pas à
sa volonté, avait lui-même saisi le cordon
de sonnette et donné volontairement le
signal de son arrestation. Aussitôt deux
gardes municipaux, un officier de paix
avaient paru, et par leur venue trop hâ-
tée, renversé au profit de la victime, l'é-
chafaudage d'intrigue et d'astuce si péniblement travaillé par un homme de
mauvaise foi.

Le banquier, à l'aspect de ceux que lui
seul avait fait venir, et qui néanmoins
agissaient en dehors de ses volontés, demeura comme frappé de foudre, incertain
si celui qu'il poursuivait avec tant de véhémence était ou un coupable consommé
dans le crime, et par là plus dangereux,

ou un innocent qui, fier de la bonté de sa cause, ne craignait aucunement de la conduire devant la justice, et ce fut avec une émotion de peur, sans relâche croissante, qu'il attendit ce qu'il allait dire, comment il entendait, ou la justifier ou provoquer la vengeance contre celui qui le déterminait à cet acte de désespoir.

Julien Saurage, ou Denis-André Delotry, montrant un front impassible, une contenance franche, ferme et assurée, attendit que le bruit occasionné par l'arrivée des gens de la police et des hommes de la maison, fut apaisé : alors, d'une voix qui ne tremblait pas, il demanda à l'officier de paix dans quel but il était là, et à qui il devait obéir. Ce personnage, entièrement en dehors de l'affaire, et ne connaissant aucunement l'individu qui l'interrogeait, le prit pour l'ami, ou le parent ou le conseil du banquier, et lui répondit : ( avant que Dutilloy eut décidé s'il interviendrait directement, oui ou non, ) qu'en vertu d'un avis donné à ses supé-

rieurs, qu'une tentative hardie de vol serait
hasardée dans sa maison et contre sa caisse,
il avait ordre d'obéir au maître du logis.

— Je vous remercie, monsieur, de cet
éclaircissement sur une matière qui m'est
totalement étrangère, et surtout indifférente, répartit Delotry, et ce sera avec
monsieur que vous aurez à traiter de ce
point; quant à moi, je me félicite qu'une
cause quelconque vous ait fait rencontrer
ici au moment où j'ai besoin de vous; sir
Belton est propriétaire de la somme considérable de onze millions, que vous voyez
sur ce bureau et sur cette table, divisée
en trois tas, l'un d'or et l'autre de billets
de commerce, le dernier d'effets de la banque; c'est moi qui dois les retirer, moi
qui viens d'en donner quittance à monsieur que voilà, titre en son pouvoir et
que je lui enjoins de vous montrer, maintenant que cette pièce existe, qu'elle forme
mon titre de possession de la somme que
j'y ai nominativement désignée; je vous

demande de constater vous-même dans un procès-verbal, et ce que je viens de dire et de faire, comme aussi d'y relater ce que dira ou contestera, en opposition avec mon dire, le sieur Barthélemy Delotry dit Jules-Henri Dutilloy.

Chaque parole de cette sorte de plaidoirie s'enfonçait en flèche brûlante dans le cœur du banquier; leur enchaînement, leur but encore obscur pour lui, qu'il ne pouvait comprendre, qu'il cherchait à deviner, le mettaient hors de lui, et le plaçaient moralement sur le lit de roses de l'empereur Guatimozin; mais plus encore que le reste, la tournure maligne des dernières paroles ajouta mille fois plus à son embarras, tout allait être écrit, tout serait examiné, discuté, soumis à un jugement solennel; certes, sa situation, à l'en croire, ne pouvait plus empirer; que devint-il, lorsque se voyant au comble de la honte et pensant l'avoir ressentie tout entière; deux nouveaux personnages parurent et

compliquèrent plus encore cette combi-
naison de funestes incidens ; c'était Amanieu avec Arsène.

## XVIII

**Enfantillage et crime.**

> Les uns intriguent par amusement,
> les autres s'amusent par des intrigues.
> — *Recueil de Maximes.* —

Clovis, libre à son tour de ses deux camarades et protecteurs momentanés, remontait tristement la rue du Petit Carreau pour regagner les boulevards, lorsqu'à la croisée de la rue de Cléry un bras passa dans le sien, et un cri de joie, sans retentissement dans son cœur, frappa son oreille. Il se retourna.... C'était le jockey, Honoré, le groom John Mac-Grégor Campbell, qui le salua d'un bonjour, cher compatriote. Jamais la physionomie du nouveau-venu n'avait été plus fraîche, plus gracieuse, plus jolie. En un mot, Clovis un instant le regarda avec plaisir, mais bientôt retomba dans sa mélancolie profonde.

—As-tu vu le loup? puisque tu ne peux tirer un mot de ta bouche, es-tu malade? je vais te mener chez le médecin de l'hôtel, je te présenterai comme un des nôtres, et il te soignera gratis ; ce qu'il ne ferait pas autrement, car le généreux homme est âpre à la curée. Manques-tu d'argent ? j'ai quelques écus à ton service.

—Merci, Honoré, répondit le jeune Orrouis, mon mal ne tient ni à ma santé ni à ma bourse, ta question pour moi est de vie et de mort.

—Que chantes-tu là? quelle billevesée me contes-tu?

—La vérité. J'ai un ennemi cruel, vindicatif, inflexible. Je l'ai violemment offensé, et lui, profitant de ses avantages, irritera contre moi des amis communs, de telle sorte que peut-être ils me tueront.

—Le cas est donc bien grave.

—Oh oui ! il s'agit d'une maîtresse qu'il faut que je leur montre et que je n'ai pas.

Honoré se mit à rire. « Je croyais qu'à Paris on en trouvait à la minute. Ce gibier devient-il si rare? ou es-tu si mal chanceux? Ce n'est pas qu'à ton âge on ne puisse pas s'en passer. Moi qui te parles, je n'en suis encore qu'à la théorie : il est vrai que je suis délicat et que, ne sachant ce que je veux, je me montre difficile sur ce que je veux prendre. Serais-tu par hasard comme moi ?

—Non, de par Satan, je n'ai pas eu cette prudence, et j'ai eu souvent à m'en

repentir; mais il ne s'agit ni des maîtresses que j'ai, ni de celles que je pour-
rais avoir, mais uniquement de celle que
je n'ai pas, et que certainement je ne
pourrai montrer, puisque le lieu qui doit
la renfermer est désigné.

Ce propos obscur piquant la curiosité
du jockey, il poussa Clovis de questions,
et celui-ci, en lui cachant le but, le motif
secret de la chose, lui avoua que, par forfanterie, que par vanité d'adolescent, il
s'était targué d'avoir une bonne amie dans
l'hôtel de Dutilloy, qu'on le lui avait nié,
et que lui avait mis, à le soutenir, une
telle persistance, que désormais ses camarades le tiendraient pour déshonoré s'il
ne leur prouvait qu'il ne leur a pas menti.

Honoré ne manquait, ai-je dit, ni d'esprit, ni d'intrigue, mais il était encore
dans un âge où l'on ne soupçonne point
le mal à l'avance, où, surtout, on doute
peu de la sincérité d'un ami : il en résulta
que, loin de nier ce qui lui était dit, il y
prêta une confiance aveugle, et se divertit

d'abord de l'embarras dans lequel l'a-
mour-propre avait mis Clovis.

Cependant son bon cœur tarda peu à
être touché du chagrin d'un ami. Le voilà
qui se mit à chercher le moyen de le
consoler, et, pour cela, à passer en revue
les femmes de service chez le banquier.
Hélas ! son travail ne le satisfit guère. La
plupart avaient passé la quarantaine, et
les deux ou trois en qui on rencontrait
la jeunesse la déparaient par une laideur
de péché mortel.

— Clovis, dit-il enfin, j'ai beau chercher, nos femelles sont de vrais diables.
Les hommes de l'hôtel valent mieux, et
à moins qu'un de nous ne prît les vêtemens de l'autre sexe, je ne vois pas... Eh !
mais mon Dieu, quand j'y pense... Oui,
si cela se pouvait,... et pourquoi pas ?
l'année dernière j'ai bien trompé notre
pénaud de grand chasseur, M. Amanieu
lui-même, et la pie-grièche madame
Doubel, la première camériste, comme
on dit, de la patronne, ne m'a-t-elle pas

offert une place dans son lit ?.... Ce que j'ai fait pour rire... ne le ferais-je pas pour un ami ?

Clovis, rentré dans sa méditation, n'écoutait pas son camarade, lorsque celui-ci, de nouveau l'embrassant au milieu de la rue, sans cérémonie, lui dit avec gaieté :

— Allons, ne gémis pas, sois réjoui, j'ai trouvé ton affaire, un bijou de jeune fille, un amour de beauté.

— Et qui loge chez tes maîtres ?

— Dans leur hôtel, je te le jure, elle y boit, elle y mange, elle y travaille, elle y dort.

— Mais, tu viens de me peindre toutes celles que tu connais comme des épouvantails.

— Oui, parce que je ne songeais pas à elle, à elle dont je dispose, et que je te prêterai par sincère attachement.

— Qui est-elle, menteur ? tout à l'heure encore tu m'as certifié que ton cœur n'avait pas encore parlé.

— Sans manquer à ce que je t'ai dit, je

puis aimer cette créature et je me flatte que toi-même ne chercheras pas à troubler la paix de son cœur.

— Ah! mon ami, je te le jure, foi de Clovis, qu'elle consente seulement à sortir une seule fois avec moi en voiture, qu'un de ceux avec qui j'ai parié la voie sortir et entrer dans votre hôtel, voilà ce qu'il me faut.

—Et ce que tu auras, Orrouis, car je vais te prêter ma sœur, ma douce Germaine, elle a un an de plus que moi, elle me ressemble... ah! me ressemble, tu la verras et voici comment : sais-tu mener un cabriolet?

— Sans doute!

— Bien, maintenant écoute-moi, demain à midi précis, trouve-toi dans notre rue à côté de la porte de nos écuries, je sortirai avec la voiture de monsieur Amanieu, ma sœur sera à mon côté, tu monteras à ma place et puis vous partirez tous deux; que ton adversaire soit sur le boulevard, où tu voudras, il viendra te rejoindre, et certes, quand il aura parlé à ma sœur, il ne doutera plus de la bonne fortune.

Cette proposition rendait la vie au jeune homme, il embrassa à son tour Honoré, lui voua reconnaissance éternelle autant qu'amitié sans fin et le quitta pour courir porter aux associés sa parole qu'enfin il pouvait engager. En redescendant la rue Montorgueil et à l'entrée du passage du Saumon, il aperçut Edmond encore à l'attente de Robillet qui n'était pas revenu ; deux hommes se promenant ensemble, sont moins suspects qu'un isolé sur qui tous les yeux se portent ; Edmond, en vertu de cette vérité, reçut avec bienveillance Clovis.

Celui-là, tout entier à se débarrasser des soupçons de ses complices, ne perdit pas de temps et se hâta d'apprendre au chef, que tout nouvellement le hasard l'avait mis en présence de sa jolie maîtresse et qu'il en avait obtenu un rendez-vous pour le jour prochain à midi, par conséquent, si tu veux, Edmond, la voir et causer avec

elle, tu viendras avec moi, tu monteras
dans le cabriolet où nous serons ensemble,
tu te convaincras de mon bonheur, de
son amour et de ma sincérité.

—Mais à la manière dont tu t'exprimes,
tu me persuaderais que tantôt tu ne nous
en imposais point, tant mieux, mon gars,
tant mieux, tu en auras chez nous du
profit, du crédit et de l'honneur.

En ce moment, Edmond quittant brusquement le bras de Clovis, se précipita
dans une des galeries latérales du passage,
il avait vu le caissier Loyset qui s'en revenait. Clovis, étonné de cette brusque fuite,
courut en demander la cause à Edmond
qui prétendit avoir vu un *Anglais* s'avancer
vers lui; un *Anglais!* tout jeune homme
sait que l'on qualifie ainsi les créanciers
qui se sont lassés d'attendre, et Orrouis
comprit sans défiance que le chef tint à
éviter un animal aussi fâcheux.

Mais Edmond était impatient de savoir
ce qui s'était passé chez sa mère après
son absence, et ne se souciant pas d'ini-

tier le jeune homme dans tous ses secrets,
il s'en sépara en convenant de l'heure et
du lieu où le lendemain ils se rencontre-
raient. Clovis tourna vers le Palais-Royal,
son théâtre ordinaire ; Edmond retourna
dans la rue Beaurepaire, là, Robillet en
sentinelle attendait le retour de son
cousin, et dès qu'il l'eut vu il vint à sa rencontre.

Loyset n'avait rien appris au-delà de
ce qu'il avait enlevé, c'était bien le vieux
Levraut qu'il venait chercher, il ne s'était
permis envers la marquise de Sévigné,
ni questions indiscrètes, ni révélations
importunes, mais ce qu'il n'avait pas fait,
Robillet brûlait de le faire ; fier du titre
de comte qui lui avait été adjugé, plus encore de celui de prince qu'Edmond recevait de bon aloi, il ne serait pas homme à
se contenter d'une défaite. Edmond l'écouta, réfléchit, puis en lui serrant la main
fortement, pour lui faire mieux comprendre la force de son aveu, voici ce qu'il lui
conta :

— Cousin, jusqu'ici la parenté et l'affection d'ami nous ont ont liés étroitement l'un à l'autre, notre position est égale, tandis que ce que je vais t'apprendre me livrera dorénavant complètement à ta discrétion.

Ce fut par des sermens horribles, par des blasphêmes tels que les prodiguent ces misérables, que celui-là tenta de prouver sa discrétion et sa loyauté; de plus et par anticipation, ce qui du moins prouvait sa franchise, il avoua trois meurtres dont il s'était souillé depuis qu'Edmond avait quitté Paris; celui-ci recevant avec grand contentement une telle confidence, ne balança plus, cela fait, à terminer son récit.

« Un grand seigneur d'Allemagne, le prince Christian de Morgteinsten, duquel le rapprochait une ressemblance presque complette, l'ayant pris à son service comme valet de chambre, le fit voyager avec lui : tous deux, après avoir parcouru l'Espagne et l'Italie, s'embarquèrent pour l'Égypte, la Terre-Sainte, Smyrne, la Grèce et Constantinople; le voyage fut heureux, mais pendant la traversée de la Laconie au port d'Athènes, le vaisseau marchand ayant échoué sur la côte, le prince impatient d'en attendre le radoub, était parti en suivant la route de terre, un seul guide et Edmond étaient avec lui.

Depuis cette époque, Edmond ayant pris le nom du prince, ses titres, ses papiers, ses lettres de change, car l'infortuné seigneur était tombé avec son guide du haut du mont Tayette; Edmond, dis-je, au lieu d'aller dans les états de Christian porter cette funeste nouvelle, s'était rendu à Paris où il se flattait de fixer enfin pour lui la roue de la fortune. En conséquence de sa haute position, les meilleures maisons de la banque, du haut commerce lui avaient été ouvertes dès son début, tandis qu'il évitait avec un soin extrême la noblesse d'autrefois. « Ceux-là, ajouta-t-il, me dépisteraient d'un coup-d'œil; je peux tromper des gens auxquels les manières brillantes et délicates sont inconnues, et non ceux pour qui elles sont l'étude de tous les jours de la vie. Voilà, cher cousin, ce que j'ai dû t'apprendre, et même j'irai plus loin en achevant de tout t'avouer.

— Eh! mais, repartit Robillet, la révélation *est conséquente*, comme ils le disent à leur Cour d'assises. Si tu n'as pas d'autre peccadille à te reprocher, j'aurais encore sur toi l'avance d'un homme, car ce prince, ce guide...

— Cousin, ne crois pas que je me sois fait ton chef sans droit, répliqua le faux prince avec mystère; non, tu n'as sur moi aucun avantage, aucun, et même je t'ai de beaucoup dépassé.

— A la bonne heure, vive la franquette! Edmond, je m'incline devant toi, mais tu avais encore à me dire :

— Que je ne serais pas surpris d'obtenir par mariage une partie de la somme que je médite d'enlever. Je suis bienvenu dans la maison, la mère ne pense que par moi, je flatte l'orgueil du père ; la jeune fille ne peut me souffrir. Toutes ces choses-là sont dans la règle. De plus, le particulier que je viens de rencontrer ici est, dans cette maison, un personnage d'importance : c'est le caissier. Il m'appartiendra sous peu.

— Il est à toi, déjà, cela est certain, rien qu'à la manière avec laquelle il a accepté la tabatière... Nom de D....! pour l'enlever au bourgeois, j'ai méprisé les galères, et dire qu'un autre en profite...

— De rien ami, n'ai-je pas, sur ce bijou, ma part comme toi la tienne ?

— Oui.

— Eh bien ! tu as estimé à soixante francs la boîte.

— C'est vrai, Ben-Salomon me les en eût donnés.

— Il t'en revenait vingt pour toi, vingt pour moi, vingt à la masse.

— Assurément.

— Reçois pour toi *seul* ces cent francs,

et cesse de regretter ta conquête. J'en ai fait un ami.

— Ah ! mon cousin, tu es un vrai prince, et je consens à me damner avec toi.

# XIX

## Le Renard dupé par un Perdreau.

> La confiance exagérée en nos moyens
> nous rend dupes souvent de qui a bien
> moins d'habilité que nous.
> — *Recueil de Maximes.*—

Edmond, craignant d'être reconnu par
les domestiques du banquier s'ils venaient
à le rencontrer piétinant dans leur rue
en la compagnie d'un jeune homme suspect, n'était venu au rendez-vous que déguisé de la bonne manière : une perruque

rousse, des favoris énormes, une moustache, un collier à l'avenant, des conserves bleues et une vaste houpelande cachaient son visage, son front, ses yeux, sa bouche et les formes remarquables de son corps.

Clovis, au contraire, vêtu à son avantage, et de façon à rehausser sa mine douce et gracieuse, arrivait là mû par un double sentiment. La crainte, d'un côté, le portait à satisfaire son compagnon; de l'autre, il lui tardait de voir la sœur d'Honoré; il se la représentait charmante, semblable au moins à son frère, et digne par la suite de recevoir les hommages d'un de ses concitoyens; mais saurait-elle jouer son rôle? son frère aurait-il pu la décider à venir? pourrait-elle quitter librement la demoiselle de la maison dont elle est la favorite. Toutes ces pensées, contradictoires et la plupart pénibles, occupèrent Orrouis depuis onze heures et quart, à peu près, jusqu'à ce qu'une horloge voisine sonnât midi.

Déjà, depuis un peu de temps, on entendait, à l'intérieur de la cour des écuries de l'hôtel Dutilloy, les piétinemens
d'un cheval fougueux; peu après la porte
entrebâillée laissa passer la tête d'Honoré.
Clovis, rapproché de lui, accourut craignant un contretemps.

— Ami, dit le jockey, mon maître m'envoie chercher; mais n'importe, on attèle,
ma sœur est là, elle sait tenir les rênes
assez pour sortir; mais ne la laisse pas
long-temps seule.

— Alors elle renouvellerait la fable
de Phaéton, répliqua Orrouis charmé
de montrer ses connaissances mytholo-
giques.

—Non, reprit le jockey, c'est un cabriolet et non un faéton, tu ne te connais
pas en voiture.

La tête dit et se retire, car le buste ne
s'est pas montré, la porte se referme, deux
ou trois éclats de rire sont entendus.
Enfin, dix minutes après les deux battans
sont ouverts avec fracas, et un cheval ar-

dent, traînant la plus délicieuse capote, s'élance dans la rue ; mais tout à coup il est arrêté, et Clovis paraît à la portière accompagné d'Edmond.

Oh! la charmante fillette, oh ! l'angélique créature, pensèrent à la fois les deux survenans, quels yeux doux et malins ensemble, quelle bouche mignonne, fraîche et merveilleusement meublée, quelle peau quel coloris ! Oh ! oui, le frère est bien, mais la sœur vaut dix mille fois plus que lui, elle baisse si modestement ses longues paupières ! que son embarras virginal a de grâce ! sa coiffure semi-française, semi-anglaise, un chapeau écourté, au voile vert lui prête un autre charme ! elle est à faire damner un saint.

Clovis, déjà jaloux et craignant qu'Honoré ait négligé de faire son portrait à cet ange sur terre, lui dit nigaudement :

— Je suis Orrouis, l'ami de votre frère, il m'a fait espérer...

— Allons ! monte, monte, sacrebleu ! s'écrie Édmond, qui brûle d'être loin du lieu, nous causerons mieux en route.

Clovis obéit, prend la droite, Edmond la gauche et celui-ci, plus attentif, enlève les rênes des jolis doigts gantés qui les soutenaient à peine, et ne peut, en même temps, s'empêcher de dire à la jeune fille qu'elle aurait besoin d'un protecteur comme lui.

— J'ai choisi, monsieur, l'ami de mon frère, et je ne reviens pas sur un engagement pris.

— Et moi, répliqua le jeune homme avec une vivacité extrême, j'ai promis à votre frère de ne jamais aimer que vous et la mort seule me séparera de mon serment.

— Vous parlez comme tous les hommes et penserez, sans doute, comme eux.

— Croyez le contraire, ma chère...

Ici Clovis s'arrêta, Honoré n'ayant pas songé à lui dire le nom de sa sœur, il en résultait qu'il ne le savait pas.

— Eh bien ! tu restes sur le mot *ma*

*chère!* se mit à dire Edmond en ricannant, perds-tu la mémoire.

— Ne vous étonnez pas que l'amour lui brouille la tête, bien souvent la pauvre Cécile a oublié le nom de son Clovis.

Celui-ci charmé de la manière spirituelle avec laquelle la gentille Toulousaine lui a appris son nom, profite de la gêne où sont trois personnes dans ces frêles voitures pour presser son épaule contre celle de la divine enfant. Celle-ci se recule, se trouble, l'autre recommence et Edmond murmure entre ses dents, le coquin est heureux, ce ne sera pas pour long-temps.

Le bruit infernal des roues qui broyaient le pavé ne permettait pas aux deux admirateurs de la jeune fille de joindre l'éloge de sa voix à celui du reste de sa personne, elle l'avait d'ailleurs un peu voilée, telle que l'accommode une émotion poussée à l'excès. Cependant on cheminait toujours, et le véloce coursier soumis à la main exercée d'Edmond franchissait le boulevard en prenant la route des Champs-Élysées.

— Clovis, dit alors la belle Cécile, je n'ai que peu d'instans à vous donner, mademoiselle Tècle veut sortir à deux heures, à une et demie au plus tard il faut que je rentre à l'hôtel.

Les deux cavaliers, car ces cœurs du commun s'annoblissent lorsque l'amour les anime, se récrient à cette triste nouvelle; Edmond surtout s'en montre contrarié : il veut offrir un simple déjeûner, il espère que mademoiselle lui permettra une seconde fois d'accompagner Clovis... Clovis à son tour, jaloux déjà et n'ayant aucun droit de l'être, joue le rôle de boudeur sombre, dans le silence, devient morose au lieu de disputer davantage d'esprit et de gentillesses à son ingrat ami.

Edmond se dépite de l'odieux costume dont il s'est affublé, il voudrait s'en séparer et afin de savoir si la jolie Cécile connaît son Sosie il en prononce le nom.

—Qnoi. reprend-elle, vous connaissez le prince Christian.

— Oui mademoiselle ; et vous?

—Moi, eh bon Dieu! il n'est pas de jours que je ne me trouve en sa présençe.

— Ah! pour cela j'en doute, comment auriez-vous frappé ses regards sans qu'il n'y fit attention.

— Ma maîtresse seule occupe ses yeux et il n'en a pas pour une pauvre fille.

— Vous vous trompez, lui est-il répondu, il va dans cet hôtel plus pour *vous* que pour tout autre.

— Vous l'a-t-il dit, comment le savez vous.

— Tout s'expliquera, mademoiselle, si en entrant chez vous il vous plaît de jeter les yeux sur cette carte de visite, prenez là et gardez-vous de la montrer à Clovis.

Où donc était celui-ci pendant qu'avait lieu ce colloque, si contraire à ses intérêts, à mille lieues ! Selon l'usage il bou-

dait, s'était rejeté en arrière, ne voulant
plus ni voir ni parler, ni ouïr son infidèle... son infidèle, était-il déjà aimé? lui-
même, une heure auparavant, songeait-
il à elle : non non, je puis le répéter, les
hommes sont ainsi faits et je ne sais re-
tracer que des portraits et des caractères
donnés par la nature.

Cependant l'espiègle Cécile, sans faire
aucune résistance, a saisi la carte, l'a rou-
lée entre ses doigts et a fini par la renfermer dans les plis de son mouchoir de ba-
tiste, non qu'elle fasse observer à son interlocuteur que son procédé est louche,
qu'il fait parler et penser le prince, mais
qu'enfin elle est trop bonne fille pour refuser une explication.

Edmond enchanté de l'espérance qu'on
lui donne, certain de revoir la spirituelle
enfant, et, dans cet instant, charmé de la
ravir à Clovis, n'insiste plus pour que l'on
continue la promenade, et tourne le cheval vers la rue de la Victoire, à la première requête que Cécile lui a adressée

mais la coquette aussi devine que si l'un
de ses compagnons est heureux, il y
en a un autre qui boude et se dépite,
la voilà revenant à lui, l'agaçant du regard, et du sourire, et peu à peu parve-
nant à l'arracher à sa mauvaise humeur.

Comme l'on rentrait dans la ci-devant
rue Chantereine à qui il a fallu la révolution de juillet pour qu'elle pût reprendre
son nom dû aux succès de Napoléon, Cécile, faisant arrêter la voiture, prévint
Edmond qu'il fallait là se séparer, son
frère trouverait mauvais qu'un homme
lui eût tenu compagnie; il n'a autorisé sa
promenade qu'avec Clovis.

Content de lui-même et de la soubrette, Edmond ne recula pas leur sépa-
ration qu'il espérait abréger. Il descendit
en saluant la jeune fille, en baisant la
main qu'elle lui abandonna, et dès qu'il
se fût éloigné, elle, se mettant à rire aux
éclats, se tourna vers Clovis

— Où diable, dit-elle, as-tu trouvé cet
animal?

— Moi, mademoiselle !... et ce langage?

— Mais, folle bête que tu es, as-tu pu rester une heure avec moi sans me reconnaître ?

— Qu'entends-je ? cette voix.!... cette ressemblance.

— Viens, mon bijou, reçois ce sacré baiser de mon amour.

Et le jockey espiègle se jette dans les bras de son ami, et faisant cesser la situation qui a trop duré, se montre, non une fille pudique, mais un adolescent enjoué.

— Honoré! Honoré! s'écrie Clovis, tandis qu'il regarde son ami avec des yeux étincelans : Oh! que tu viens de me faire du bien et du mal tout ensemble ! tu m'as le premier fait connaître l'amour avec la jalousie ; mais ta métamorphose, en me rendant à moi-même, me réjouit d'autant mieux, que je ne trouverai dans aucune femme, peut-être, autant de beauté que mon erreur m'en a montrée en toi.

— En effet, pauvre camarade, j'ai vu

l'instant où ton cœur s'éprenait tout de bon. Crois-moi, laisse à un autre âge les passions qui les bouleversent : au nôtre ne cherchons que des plaisirs simples qui ne flétrissent ni nos fronts ni nos cœurs.

— Tu es sage, Honoré : dans ton étourderie ton âme est chaude et ta tête froide, tu es heureux... Au demeurant, que je te remercie, le service que tu m'as rendu est important.

— Pour ma récompense, il faut que tu consentes à t'abandonner un instant à la risée de mes camarades de maison. Je porte les vêtemens qu'hier mademoiselle Tècle donna à sa femme de chambre. Celle-ci m'a habillé, et ce matin je l'étais, hors la tête, quand, pour mieux te tromper, je me suis montré à toi en avançant seulement le haut du corps.

— Fais de moi ce que tu voudras, ne suis-je pas ton chevalier ?

— Mais, à propos, reprit le jockey, ton compagnon vient de me donner son nom

sur une adresse. Sais-tu que ce monsieur
là n'est pas beau.

—Eh bien! tu te trompes. Sa taille est
aussi gracieuse que sa figure est charmante. S'il est venu ici déguisé, c'est
parce qu'il a eu ses motifs pour cela.

—Mais que vois-je?... Oh! la rencontre
plaisante! quoi! tu es l'ami du prince de
Morgteinsten.

—Moi, je ne l'ai connu de ma vie!

—De ta vie! et tu viens de me l'amener, il était naguère avec nous, et c'est
lui qui nous quitte.

—Lui, un prince!... allons donc!

—Vois toi-même. Je tiens de lui son
adresse, je l'ai dérobée à tes yeux, dans
mon mouchoir. La voilà, lis toi-même, et
puis nie ce que tu ne peux plus me cacher.

La carte de visite passa de la main d'Honoré dans celle de Clovis qui, à sa surprise inexprimable, trouva d'un côté
gravé ces mots : S. A. S. LE PRINCE SOUVE-
RAIN CHRISTIAN DE MORGTEINSTEIN et, au re-

vers, de la main bien connue d'Edmond Miltard, ce quatrain isolé qu'ayant lu avec plaisir, il aurait copié pour ne pas en perdre la mémoire.

> Tous nos souhaits sont superflus
> Pour être heureux, charmante Isore,
> Espérer, n'est pas l'être encore,
> Et jouir est ne l'être plus.

Ces rapprochemens, cette coïncidence si singulière renversèrent momentanément toutes les idées de Clovis. Il ne savait trop ce qu'il devait répondre à son camarade lorsque, par bonheur pour son embarras, la valetaille de l'hôtel Dutilloy qui quêtait le retour du mystifié, ayant vu le cabriolet à peu de distance, sortit en masse et, par des huées joyeuses, tout en saluant Honoré et Clovis, délivra celui-ci d'une explication trop précipitée.

# XX

## L'action se noue.

Rien ne déconcerte mieux, qui veut nous intriguer, que lorsqu'on emploie contre lui la ruse sur laquelle il comptait le plus.
— *Recueil de Maximes.* —

Le cabinet du banquier Dutilloy s'était, par la faute de celui-ci, changé en un théâtre où se passaient, tour-à tour, les scènes d'un drame intéressant; dans ce moment un nombre considérable d'ac-

teurs l'occupait, dans le milieu, et néanmoins rapproché de son bureau, le maître
de la maison se laissait voir agité par un
mélange de colère, de terreur et d'anxiété.

Contre la cheminée et lui tournant le
dos Denis Delotry, debout, se dessinait
dans une posture calme et fière, non cependant sans quelque mélange d'émotion ;
le côté des fenêtres avait été envahi par
l'officier de paix et les gardes municipaux,
à l'opposite, cinq domestiques semblaient
être là pour prêter main-forte quoiqu'ils
ne fussent pas armés.

Enfin, et arrêtés par leur étonnement,
à peu de distance de la porte principale
Arsène et Amanieu complétaient le tableau, ces deux-ci, venus ensemble pour
avoir chacun une explication avec le banquier, s'étaient rencontrés sur l'escalier et
en avançant avaient entendu quelques
paroles échappées à Delotry, ce qui augmentait pour eux l'intérêt de la réunion.

Amanieu ayant aperçu la forte somme
posée sur la table ronde et le bureau, eut

l'idée naturelle qu'on avait tenté de voler son père, et Delotry fut choisi, dans sa conjecture, pour être l'auteur du délit en conséquence et conduit par cette prévention.

— Qu'est-ce, mon père, suis-je venu à temps pour vous servir? un guet-apens vous a-t-il été tendu et le coupable aurait-il été pris lui-même à son piège?

— Monsieur, tout beau, répartit Delotry, ne vous hâtez pas de chercher le crime là où il n'y a que de la vertu; ce qui se passe ici ne ressemble à rien de ce qui arrive dans ce monde, possesseur des onze millions que voilà, je suis venu les chercher, et monsieur, par prudence, par précaution, a voulu que mon droit fut constitué par la présence d'un agent de l'autorité; n'est-ce pas expliquer votre pensée, M. le banquier, voulez-vous que j'entre dans d'autres développemens qui peuvent vous paraître nécessaire.

Un instant de silence suivit, c'eût été au maître de la maison à le rompre; mais

la venue de son fils, de son gendre dé-
jouaient ses mesures et le précipitaient
dans une anxiété cruelle. Amanieu surpris que celui-ci ne parlât pas et, cette fois,
s'adressant au personnage qui lui demeurait inconnu.

— Monsieur, dit-il, je ne conteste ni
n'appuie vos droits, ce que je vois m'é-
tonne, et mon père seul est compé-
tent pour éclaircir un fait bien singulier.

— M. Dutilloy, dit à son tour Arsène,
ne pensez-vous pas qu'il soit convenable
de congédier vos gens et de prier M. l'officier de paix et les agens de la force publique de nous permettre une explication.

— A laquelle, monsieur, répartit
l'homme du gouvernement, je dois assis-
ter, M. Dutilloy a prévenu M. le préfet
de police que ce matin une tentative sur
sa caisse serait faite, il a demandé mon
concours et l'assistance de ces gardes municipaux; une fois arrivés ici, lui-même
nous a postés dans une salle voisine, en
nous avertissant qu'au son de la sonnette

de ce cabinet nous paraissions pour saisir le filou qu'il aurait pris sur le fait ; la chose s'est passée ainsi , le signal a eu lieu nous sommes accourus et nous avons rencontré ici l'homme qui nous a été désigné et dont je m'empare au nom de la loi.

— Prenez garde, répondit Arsène, à ne pas agir avec précipitation, ceci pourrait vous être funeste, je connais monsieur, il est mon client je répondrai de sa personne.

— Vous le connaissez, Arsène , s'écria le banquier hors de lui, vous le connaissez, est-ce vrai, depuis quand, à quel titre ?

— Il y a peu de jours et, je vous le répète, il m'a confié le soin de ses affaires.

— A vous ! mon gendre !

— Son gendre ! répéta Delotry en laissant éclater sa surprise, quoi ! M. l'avocat vous avez accepté ma défense !

— Remarquez, monsieur, dit noblement Arsène, que lorsque je l'ai fait vous ne m'aviez encore nommé personne et, souvenez-vous mieux encore, que le nom de monsieur dévoilé, je n'ai pas reculé devant mon devoir.

— Il sait tout, murmura sourdement le banquier.

— Mais, dit à son tour Amanieu, je suis du moins dans des ténèbres profondes.

DELOTRY. Votre père vous en instruira; quant à moi, je charge mon jeune et fidèle avocat du soin de faire emporter cette somme à son domicile, où j'irai la reprendre; je crois qu'il ne me reste plus qu'à me retirer.

Il dit, et déjà fait un pas vers la porte; mais l'officier de paix étendant son bras en forme d'obstacle à la retraite.

— Dans la position difficile où l'on m'a mis, je crois devoir conduire monsieur à la Préfecture de police et charger, au nom de la loi, le maître de la maison à faire rentrer dans sa caisse la somme contestée, jusqu'à ce que la justice en ait connu le possesseur.

— Monsieur, répliqua Delotry en s'adressant au banquier, n'avez-vous pas ma quittance? montrez là à cet agent du pouvoir.

Le banquier, machinalement, la donna, et l'officier de paix en fit la lecture; mais au nom de Julien Saurage, qu'il affecta de prononcer en élevant la voix, il ajouta, en demandant si c'était là les nom et prénoms du propriétaire.

Delotry. Ceux au moins du mandataire, les miens.

L'officier de paix. Les vôtres! Mais ne vous appelez-vous pas Denis-André Delotry?

— Delotry! répéta à son tour Arsène.

Delotry. Oui, je suis Denis-André Delotry.

L'officier de paix. Deux noms et des prénoms en foule; il y a suspicion de faux.

Dutilloy. C'est ce que je prétends aussi.

ARSÈNE. Vous, monsieur, envers... Ah! revenez à vous, songez à ce que vous dites. Lui! un Delotry... Non, vous ne l'accuserez pas.

AMANIEU. Mais, enfin, que se passe-t-il? Ne le saurai-je pas?

ARSÈNE. Amanieu, joignez-vous à moi pour désarmer votre père; un ressentiment fatal l'aveugle...

DUTILLOY. Arsène, redoutez-vous aussi de céder à une prévention injuste? Quoi! mon autre fils passerait, à mon désavantage, du côté d'un homme suspect?

ARSÈNE. Je sais, mon autre père, ce que je vous dois; mais, en ce moment, ayant la confiance de monsieur, dont la situation est équivoque et périlleuse, dois-je, à mon tour, lui refuser mes conseils?

L'OFFICIER DE PAIX. Ce débat doit avoir une fin; un voleur m'est annoncé, on m'instruit du signal auquel je dois le saisir; le signal est fait, un seul ici est inconnu à tous; sans rien présumer au fond, n'ayant pas l'intention de lui manquer, s'il est innocent, je le somme, avant tout, de me remettre ses papiers.

A cette demande convenable, et qui peut-être aurait dû être faite plus tôt, l'étranger sortit de la poche cachée de sa redingotte un portefeuille qu'il remit à l'officier de paix; des billets de banque en grand nombre le grossissaient; cependant un passeport, un acte de vente, trois lettres l'accompagnaient, et partout, au lieu des noms de Saurage ou de Delotry, ceux de sir Belton baronnet, lieutenant-général au service de la Grande-Bretagne, grand'-croix de l'Ordre de Saint-Ferdinand et de chevalier du Bain, se trouvèrent, à la surprise générale.

—En voici une meilleure, dit l'officier de paix; tout à l'heure vous signiez Julien Saurage, gens bien informés vous nomment Denis-André Delotry, et maintenant vous êtes un Anglais de distinction.

— A mon tour, monsieur, dit Arsène;

permettez-moi de vous témoigner ma surprise : vous ne vous êtes pas annoncé chez moi....

— Votre mémoire, monsieur, répartit avec impatience le bizarre personnage, est infidèle ; vous ai-je dit qui j'étais ? Au reste, messieurs, voici ce que je propose, et on ne peut me le refuser : La somme que voilà restera où elle est, c'est-à-dire entre les mains de monsieur..... Dutilloy et monsieur l'officier de paix, avec mon avocat et moi, nous nous rendrons sur-le-champ chez l'ambassadeur d'Angleterre ; je me flatte que son témoignage me donnera la protection que je réclame de la loi française.

Le banquier, avec une inquiétude apparente, avait craint ce que disait son ennemi ; mais, rassuré par le nom qui était sorti de la bouche de celui-ci, il ne s'opposa pas à la course qu'il proposait : l'officier de paix la trouva convenable ; et, gardant provisoirement le reçu signé Sauvage, il partit avec l'étranger, à tant de

noms, et Arsène, qui ne jugea pas convenable de l'abandonner.

Les domestiques se retirèrent; les deux
Dutilloy demeurèrent dans le cabinet. Le
fils, plus intrigué que jamais ; le père,
dans une agitation nerveuse qui influa
si fort sur sa santé, que tout à coup on
vit ses yeux s'éteindre, ses nerfs se gon-
fler, son visage se couvrir d'une teinte
pourpre et néanmoins livide. L'instant
d'après, si Amanieu ne l'eût pas arrêté,
Dutilloy tombait évanoui sur le parquet.
On s'empressa de le déshabiller, de le
porter dans son lit pendant qu'on envoyait chercher son médecin et le docteur en chirurgie investi de la confiance
de toute la maison.

Le premier appelé, le docteur Curtius,
était arrivé fort jeune à Paris, où le con-
duisait une passion immodérée de l'art
dramatique, comédien ambulant dans la
capitale ; l'un des piliers de Doyen, le
Talma de la banlieue ; il cabotina jusques à sa vingt-cinquième année, dégoûté

des sifflets, trouvant une folle ayant le double de son âge, et qui, parce qu'elle était veuve d'un pharmacien, voulait ne convoler en secondes noces qu'avec un des fils aîné d'Esculape, Curtius jeta la défroque d'Oreste ou de Tancrède, pour se faire médecin ; il était beau garçon, l'habitude des planches lui donna celle du monde, il parla beaucoup, on le crut savant, il était riche, les malades pauvres lui donnèrent leur confiance, des cures heureuses, des mourans dont la mort ne voulut pas, le babil de trois ou quatre femmes qui prétendirent lui connaître des qualités solides, le mirent en vogue pour les *vapeurs*, bientôt la mode le poussa et nul ne voulut expirer sans avoir pris l'attache de cet habile homme.

Quinze ans avaient fait l'affaire, le docteur Curtius marchait au premier rang dans le bataillon de la Faculté, sa femme qu'il ne voulut pas soigner par amour, mais qu'il confia à un âne son élève, dont il poussait le mérite au ciel, sa femme

n'en décéda que plus vîte, elle lui légua
soixante mille francs de rente, sa clientelle
lui valait autant, si bien que dès ce jour
une double passion s'empara du docteur,
la manie de grossir son coffre-fort, la rage
de n'en laisser sortir que des oboles ; avide, avare, on le vit ne guérir qu'au poids
de l'or, courir les riches malade, comme
jadis les abbés en faisaient des bénéfices :
aucune bassesse ne lui coûtait pour les
obtenir, flatteur rampant, vil envers les
souffreteux, leur famille, leurs maîtresses
mignons ou valets ; il intriguait de cent
façons pour arriver au chevet des princes,
des grands propriétaires, des riches banquiers. Tout héritier opulent, avait, ou à
contenter l'appétit désordonné du médecin, ou certainement à soutenir contre
lui un procès que sans honte il poursuivait devant toutes les juridictions :
autre loup-cervier de l'époque, méprisé,
mais répondu, son trésor augmentait avec
sa clientelle en même temps qu'il devenait
de plus en plus mésestimé.

Le chirurgien, répondant au nom de monsieur Ducerceau, était, lui, fils de maître ; son père, praticien expérimenté, comptait à l'école de chirurgie parmi les érudits et les habiles : philosophe, républicain, amant de la solitude, dédaigneux de la renommée, ennemi du luxe, et l'adversaire de toute richesse, il mourut loué, chéri, mais pauvre.

Son fils, à l'intelligence vive, à l'esprit ouvert, étant resté orphelin jeune encore, passa les neuf jours de la retraite d'usage à réfléchir sur son avenir, instruit par l'exemple de son père, il cessa de travailler à son instruction, mais il soigna sa réputation avec un soin extrême, on ne le vit plus à l'amphithéâtre, dans les hôpitaux, mais on le rencontra partout où affluait le beau monde ; courtisan des journalistes, leur donnant à dîner, louant tous ses confrères et avec d'autant plus de chaleur qu'il les savait ignares, bientôt on l'appela dans toutes les consultations, par reconnaissance ; les gazettes citèrent

de lui des cures imaginaires, plusieurs
même le firent le héros d'aventures ro-
manesques, et le public voulut en entendre le récit de sa bouche; si bien que
sans soins, sans études, sans avoir dissé-
qué des cadavres, fait des cours ostéolo-
giques, ou veillé à lire les œuvres des
grands maîtres, la renommée vint à lui,
et avec elle les honneurs et les places,
occupé uniquement du soin de grossir sa
fortune, jouant à la bourse; commandi-
taire d'entreprises sûres, prêteur sur gage,
et sous main, il avait établi dans le quartier Saint-Jacques, des maisons de prêt où
venaient se ruiner les jeunes gens dont il
connaissait la fortune, qui tout en changeant avec lui de l'or contre des sous, le
portaient aux nues en le désignant comme
le premier chirurgien de l'époque, lorsqu'il n'en était que le plus intrigant.

# XXI

## Encore des Loups cerviers.

> Autrefois, on allait à la réputation
> par la science ; on ne lui demande
> aujourd'hui que de nous mener à la
> fortune.
> — *Recueil de Maximes.* —

Il y avait trop de fortune connue dans la maison du banquier Dutilloy, pour qu'à un seul bruit de son éblouissement produit pour cause unique par la colère, la crainte et l'oubli du premier déjeûner, les

docteurs en médecine et en chirurgie,
Curtius et Ducerceau, n'accourussent pas
très déterminés l'un et l'autre à changer
le faible mal en un début d'apoplexie
foudroyante; Curtius, appelé le premier,
s'écria en entrant dans la chambre du
malade.

—Or ça, que chacun sorte, il y a du danger, mais je suis ici.

—Danger, dites-vous, Monsieur, demanda la jeune Tècle toute en larmes.

—Pensez-vous, docteur bien-aimé,
ajouta tout bas madame Dutilloy, que ce
soit le moment de le faire songer à ses
dispositions dernières?

—Il y a du danger sans doute, mais je
suis là, et j'en ai ramenés que la mort
avait poussés plus loin. Consolez-vous,
Mademoiselle, je ferai un miracle, je vous
rendrai ce tendre père, et je me flatte
qu'à votre mariage vous me confierez la
santé de votre nouvelle maison.... Quant
à vous, ô femme sensible et dévouée,
femme d'ordre et de prévoyance, je ne

saurais vous plonger un poignard dans le cœur. Votre mari vivra, et je me flatte que votre reconnaissance...

On entendit le chirurgien Ducerceau qui, venu à pied par économie, essuyait ses souliers, non sur des nattes qui les usent, mais sur des tapis moelleux. Il citait les maisons où il était à instrumenter lorsqu'à la nouvelle de l'accident survenu au plus cher de ses amis, il avait tout abandonné pour le secourir plus vîte. Oh! ajoutait-il, je perdrai là une grosse somme que me coûtera mon absence volontaire, mais ici l'amitié m'en récompensera.

Puis, allant de la mère à la fille, du fils au beau-père, il entretenait la première de je ne sais quelles pièces d'argenterie qui lui manquaient, disant à la seconde que sa vie de garçon était cause qu'il se trouvait sans linge de ménage ; il insinuait à Amanieu que s'il pouvait se donner un cheval et une voiture il reviendrait dix fois par jour chez son père, et le commandeur eut un avis à peu près pareil.

Malgré l'envie démesurée qui portait ces deux messieurs à nourrir, pour leur compte, la maladie inopinée de Dutilloy, celle-ci, dès qu'elle se vit en la présence formidable des docteurs, en prit tant d'épouvante que, passant à travers leurs doigts, elle s'échappa. Tant il y eut que, trois-heures après l'alarme mise au logis, et avec l'assistance réelle de légers cordiaux, le banquier, recouvrant en plein sa santé, ne voulut garder ni son lit ni la chambre, et même faisant plus, et dans le but d'avoir à payer de plus faibles honoraires, il tourna en ridicule les craintes exagérées par avidité des deux docteurs désintéressés.

Un soin plus important l'occupait : il aurait voulu savoir ce qui s'était passé chez l'ambassadeur d'Angleterre, et il se disposait à envoyer soit chez Arsène, soit chez l'officier de paix, quand celui-ci, de retour, fit demander si on ne lui accorderait pas une minute d'audience.

Certes, le banquier était trop impatient

de connaître le résultat de cette affaire pour qu'il refusât de recevoir celui qui sans doute en serait le mieux informé. En vain Amanieu qui, en ne sachant rien, ressentait une fantaisie violente de tout savoir, le supplia de lui permettre, vu sa faiblesse, qu'il allât recevoir lui-même la déclaration de l'agent. Dutilloy répartit qu'elle ne serait faite qu'à lui-même.

L'officier de paix fut introduit dans le cabinet où Dutilloy, déjà de retour, faisait enlever les onze millions par Loyset lui-même avec deux surnuméraires de confiance qui les réintégraient dans le coffre-fort, où ils reposaient en partie le même matin. A la vue du survenant, le transport fut interrompu, et le banquier, tout encore à son anxiété, osa dire à peine qu'il serait charmé de savoir ce qui s'était passé.

Alors, l'homme public répondant, raconta que Son Excellence, Sa Grâce, (l'ambassadeur d'Angleterre, étant un duc membre de la chambre haute,) sans vouloir entrer dans aucune discussion sur le fond de la chose, ni sur les trois noms en litige, s'était tenu opiniâtrément à constater un seul fait, celui que l'individu présentement amené devant lui par un agent légal, était bien sir Belton, baronnet, officier-général au service de S. M. B., chevalier de l'ordre du Bain et grand-croix de l'ordre de Saint-Ferdinand ; que de plus, à moins que ledit individu eût commis un délit ou un crime flagrant, lui, ambassadeur, entendait s'opposer et s'opposait complè-tement à tout acte arbitraire tendant à prolonger sa captivité provisoire, ou à la remplacer par une de plus longue durée. Là-dessus, ayant salué et s'étant retiré en invitant sir Belton à le suivre, force avait été à moi, dit l'officier de paix, à prendre congé du secrétaire de l'Excellence, et à venir vous rendre compte de ce qui s'est passé devant moi.

— Et monsieur Arsène-Rumbel, qu'est-il devenu ?

— Appelé à son tour par son client,

lorsque comme moi il était prêt à lever le siége, il a passé dans les appartemens particuliers de l'ambassadeur.

Tout cela était peu agréable à Dutilloy, et ne le retirait pas de son inquiétude. Il n'en était pas mieux instruit que la veille sur la position réelle d'un homme à trois noms, à trois fortunes et qui, à chaque fois qu'on se flattait de le mieux repousser dans l'abîme, s'en éloignait pour se grandir d'autant plus. Néanmoins, et dans l'occurrence présente, ne voulant pas augmenter le nombre de ses ennemis, le banquier, en remerciant de vive voix l'officier de paix du rôle intelligent qu'il venait de jouer, y joignit des preuves de poids, dont la puissance agit de telle sorte, que ce personnage se promit d'être, dans une autre occasion, encore plus dévoné, s'il était possible, à un seigneur aussi généreux.

Lorsqu'Arsène s'était présenté ce matin chez son beau-père, il y venait conduit par son noble caractère, et afin d'avoir avec lui une explication qui les maintint

réciproquement en estime l'un de l'autre.
Le jeune avocat éclairé la veille par un
mot du banquier, touchant la faveur avec
laquelle le ministre de la justice le traitait,
avait passé la nuit à réfléchir, à méditer
sur la route à suivre, la conduite à tenir,
et celle-ci convenue, il ne restait donc
plus qu'à la proclamer.

L'incident de la querelle mystérieuse
élevée entre le client inconnu d'Arsène
et M. Dutilloy, non seulement avait re-
tardé cette explication, mais en outre
pouvait embrouiller l'affaire et la conduire à un but différent qu'Arsène ne
l'aurait voulu.

Chez l'ambassadeur d'Angleterre une
explication prompte et franche, sans
néanmoins satisfaire complètement Arsène sur le fait de ce que pouvait être
l'étranger, lui avait fourni la preuve éclatante et évidente que s'il était singulier
et même bizarre, du moins ne devait-il
pas être accusé d'intrigues et de friponnerie c'était beaucoup pour l'avocat, et cela

seul suffit à le maintenir dans sa résolution première, celle de conserver le
patronage de cet honorable client.

A son retour de chez son excellence
britannique, il était allé d'abord chez lui
pour se préparer à une nouvelle lutte,
lorsque son père qui rentrait aussi en
même temps, lui envoya son valet de
chambre pour l'inviter à passer au plus
vite chez lui. Elevé dans les formes de
la soumission antique et de ce respect
filial dont un cœur bien né ne se départ
jamais; Arsène aurait cru commettre plus
qu'une faute si son obéissance passive
n'eût été sa réponse à l'ordre intime.

Son père était avec le général Lostalh
qui le quitta dès l'apparition du jeune
homme. Le visage du vieux jurisconsulte,
n'annonçait ni peine ni dépit, mais au
contraire une âme dilattée par une joie
supérieure.

— Félicitez moi, Arsène, dit M. Rumbel, ou plutôt cher enfant félicitez-vous
de votre bonne conduite et surtout de

votre bonheur, l'excellent général qui
vient de partir et dont je ne peux assez
aimer et honorer le noble caractère,
m'a confié sous le sceau du secret, que
les électeurs indépendans qui ont pris
l'engagement sacré de voter aveuglément
pour les candidats avoués des ministres ont
bien voulu jeter les yeux sur moi pour la
députation de notre arrondissement, ces
messieurs m'ont fait dire, qu'inaccessibles
à la brigue, à la séduction, que mépri-
sent ces hommes assez orgueilleux pour
compter en leur propre mérite, eux éclai-
rés par des injonctions des hauts fonction-
naires dont ils dépendent, me font l'objet de leur choix; car ils sont bien
convaincus que dans mon patriotisme
inflexible, je ne parlerai, n'agirai, ne vo-
terai qu'en vertu de la direction qui me
sera imprimée par leurs excellences. Certes une telle opinion est flatteuse; ils me
connaissent bien, ces chers compatriotes,
ils m'ont vu depuis quarante ans appuyer
de ma liberté, de mon énergie, non seu-

lement tous les gouvernemens qui nous ont
régi, ou bien encore chacun de leurs ca-
prices ; voilà, mon fils, de quelle manière
on est bon Français, et on forme ou on
consolide les bonnes maisons.

A mesure que le jurisconsulte parlait
Arsène restait morne, une mélancolie
profonde se glissait dans son cœur,
dans ce cœur si pur, si noble, si magna-
nime et qui aurait donné la moitié de sa
vie pour que son père partageât ses honorables sentimens : désolé de lui en voir
de contraires, mais non détourné par
cela de la ligne de ses devoirs, Arsène
d'une voix faible par condescendance,
mais énergique par conviction, dit à son
tour que cédant à l'entraînement d'une
indépendance égale, mais en sens contraire,
il ne pouvait avant un an révolu accepter
les faveurs du ministère.

—Je ne vous ai pas bien entendu, mon
fils, et je vous prie de me répéter ce que
vous avez débité maintenant.

—Je vous ai dit, mon père, que flatté du

choix que monsieur le garde-des-sceaux
à fait de ma personne pour remplir la
charge importante et honorable d'avocat-
général, j'ai formé le projet de m'en rendre encore plus digne : en conséquence je
le prie de retarder d'un an ma nomination, de mettre en attendant, dans ce
poste majeur, quelqu'un de plus capable
que je ne le suis ; moi, pendant le délai que
je réclame, je travaillerai sur de nouveaux
frais et lorsque j'accepterai, tout m'assure
que le choix du ministère sera complètement ratifié du public.

— Quoi ! vous-voulez, Arsène, qu'un an
s'écoule avant votre installation.

— Oui, mon père.

— Que jusque-là un de vos concurrens
vous prime d'ancienneté.

— Oui, mon père.

— Et, sans doute, que renonçant, moi
à ma candidature et Dutilloy à sa direction, nous reculions notre mise en activité
du même laps de temps ; enfin, que votre
mariage soit attardé à la même époque,

— Mon père... je sens...

— Que vous êtes un insensé, avouez-le, mon fils, et nous serons d'accord. Quelle mouche vous pique, d'où vous vient cette autre modestie folle? quoi! vous qui, grâce au travail opiniâtre de votre adolescence, avez plus de science réelle que tout le conseil d'état actuel, vous qui ne sauriez plier sous le faix d'un procureur-général, fut-ce même à la cour de cassation, avez besoin d'une année pour être capable de remplir de moindres fonctions et avec cette fantaisie, ce caprice inconcevable vous arrêteriez, dans leur fortune politique, les deux pères que la nature et l'adoption vous ont donné; non, Arsène, non, vous ne sauriez être déraisonnable, criminel, ingrat à ce point.

— Je devais m'attendre à votre mécontentement, mon père, répondit Arsène en exprimant un vif chagrin, soyez persuadé qu'il a fallu en moi une lutte véhémente pour que mon honneur put vaincre tant de doux sentimens.

—Votre honneur.. qu'est-ce à dire, est-on flétri en acceptant sans brigue, sans cabale aucune, mais par le seul concours d'un mérite reconnu, des fonctions graves, respectables et qui vous vaudront des applaudissemens du public, ce choix lui sera agréable, vous seul pensez autrement.

— Mon père, dit Arsène en homme qui veut en finir, écoutez-moi: j'ai accepté la défense de deux pauvres orphelins poursuivis, spoliés par le crédit immense du chef de la justice : grâce à mes efforts, leur cause a triomphé; mais un arrêt de la Cour suprême peut casser le jugement, renvoyer à une autre juridiction, l'affaire ainsi recommencée. Ne m'avez-vous pas offert, M. Dutilloy, ne vous a-t-il pas imité en me présentant si je consentais à une action... permettez-moi de ne pas la qualifier, ne m'avez-vous pas offert, dis-je, tous les avantages qui, maintenant, nous sont accordés : alors on espérait en flattant mon ambition que je me rendrais volontairement coupable, aujourd'hui qu'on n'a pu me séduire on revient à la charge et par le *don gratuit* des fonctions qu'on m'accorde, on est persuadé qu'en les acceptant je ne pourrai plus rentrer dans la lice et vouer mes soins à mes cliens. Telle est la pensée secrète qui a présidée à ma nomination; si, par cas, je me trompe, qu'on m'accorde ma demande, dans le cours de cette année la cause sera de nouveau appelée, je la défendrai... et puis, quitte envers elle, je me consacrerai aux intérêts-généraux de mon pays.

— Je vous le répète, Arsène, vous êtes ingrat, devez-vous traiter avec tant de fiel un ministre respectable, vous lui avez nui et avec intention, il vous en punit, il s'en venge en comblant vous et les vôtres, et quand il en agit ainsi; vous, allant au-delà des choses existantes, présumez que sa générosité n'est que calcul; l'arrêt de la Cour de cassation lui sera favorable, les intègres magistrats qui la composent manqueront à leur délicatesse, à leur réputation pour servir l'avidité d'un ministre;

car il faut que vous fassiez toutes ces suppositions pour étager convenablement votre croyance, cela est-il sage, est-ce même honnête, revenez à vous, mon fils, et n'exagérez pas la vertu, c'est un défaut.

— Et le seul dont je ne me corrigerai pas ; je me dois à deux enfants sans aucun appui. Leur père, en mourant, me les a recommandés ; je lui ai juré de le remplacer. Maintenant, le rappellerez-vous à la vie pour qu'il me rende mon serment? Et au jour où tous les hommes comparaîtront devant le juge suprême, que répondrai-je aux reproches que ce père courroucé ne manquerait pas de m'adresser?... Cessez de me détourner d'une résolution inflexible ; je me refuse à tout ce qui me rendrait parjure, à tout ce qui me pousserait au déshonneur.

— Monsieur, s'écria le jurisconsulte poussé à bout, dès le moment que votre désir, au lieu de s'éteindre, s'accroît avec une nouvelle force, votre père vous prévient que justement irrité d'une con-

duite que rien n'autorise, il vous ferme
sa maison comme son cœur ; il ne veut
pas être enveloppé dans la juste indignation que fera éprouver une telle conduite
au gouvernement réparateur sous lequel
nous avons le bonheur de vivre, et je
ne doute pas que Dutilloy n'en fasse autant.

Arsène allait manifester à son père le
chagrin que lui causait une telle déter-
mination, lorsqu'une lettre ministérielle
fut apportée à l'adresse de monsieur Rumbel ; elle renfermait la nouvelle heureuse et inattendue de sa nomination de
député dans un département voisin ; on
lui mandait que, pour hâter le moment
d'enrichir la chambre élective de son mérite, on l'avait signalé par le télégraphe
aux électeurs de... et que ceux-ci, indépendans à sa manière, s'étaient dépêchés
de lui donner leurs voix. Le ministre
ajoutait confidentiellement que si cette
manière d'obtenir la députation ne con-

venait pas à M. Rumbel, on lui tiendrait la parole donnée, en le faisant porter par son arrondissement.

Il existe un vieux proverbe, *un tient vaut mieux que deux tu l'auras*. Nul en France peut-être n'était mieux disposé à en faire sa règle de conduite que l'avocat Rumbel ; aussi, loin de regretter l'illustration plus brillante d'un choix parisien, lui s'abandonna tout naïvement à sa joie, et se remit à presser son fils de faire comme lui ; mais son fils, au caractère inébranlable, sorte de vieux Romain semé par hasard dans la jeune France, se maintint dans son début, et n'en fut pas détourné davantage lorsque son père, en tournant le feuillet de la lettre ministérielle, lut, avec un redoublement de satisfaction, un post-scriptum ainsi conçu :

— « Persuadé que les gens de bien sa« vent s'entendre, je ne balance pas à « expédier à M. Dutilloy sa nomination de « directeur général du commerce et des

« manufactures que le conseil signa hier
« à ma requête, et dont la remise a été
« confiée à ma discrétion. »

## XXII

## Ils ne s'entendront pas.

> La jeunesse ne rêve que de plaisir ou
> de vertu ; l'âge mûr qui abhorre les il-
> lusions, ne demande que de l'argent au
> positif de sa vie.
> — *Recueil de Maximes.* —

A la terreur, à la consternation même
qui avait rempli l'hôtel de Dutilloy lorsque le banquier était tombé comme frappé
d'une attaque d'apoplexie foudroyante,
succéda rapidement une allégresse mo-

tivée par la nouvelle de son élévation au titre de directeur général. Ce que n'avait pu l'émotion violente de la matinée, l'excès de satisfaction de l'amour-propre en délire fut sur le point de le ramener; Dutilloy, à la vue de la pièce officielle, eut fort à faire pour ne pas en mourir d'allégresse. Des cordiaux lui devinrent nécessaires, et il dut, pendant une heure, se renfermer dans sa chambre seul avec sa femme et son beau-frère, afin que le public ne le vît pas dans son état de semi-folie. Il riait, pleurait, criait à la fois. Frénétique réel, débordé par sa bonne fortune, il était trop faible pour qu'elle ne l'accablât pas sous son poids.

Cependant, revenu par degrés de cette fièvre chaude, reprenant de l'empire sur ses passions révoltées, il lui fut enfin possible d'envisager tranquillement le bonheur de sa situation; mais à cette heure où il parvenait à la place qui le rapprochait tant du ministère, la pensée qui d'abord s'empara de lui fut celle qu'il

fallait, à tout prix, écarter des frères dont
la vie antérieure et, peut-être, les crimes,
nuiraient considérablement à sa considération. Combien il serait timpanisé par
les journaux de l'opposition, si ceux-là
venaient à apprendre la misérable condition de ses proches et sa conduite peu
séante envers eux. Ne lui serait-il pas possible en outre de retenir pour soi et pour
un temps au moins bien éloigné la somme
énorme dont il restait le dépositaire.
Ceci encore fut l'objet d'une délibération
intime. Il pouvait d'autant mieux s'occuper de ses propres affaires avant de penser à celles de l'Etat que, dans une note
jointe à son brevet, le ministre le pré-
venait, au nom du conseil, que son installation ne pouvait avoir lieu avant huit
jours, cette direction étant non en pied,
mais rétablie, il convenait de laisser aux
employés subalternes le temps de réunir
tous les cartons, papiers, documens, etc.,
qui formeraient désormais ses archives
particulières.

Parmi le petit nombre d'élus que le banquier ce jour-là reçut dans son cabinet, le premier qui se présenta fut le caissier Loyset. Après que le bonhomme se fut énorgueilli de la gloire qui rejaillissait sur la maison par suite du choix royal, il baissa la voix et tout en se frottant des mains :

— En vérité, *Monseigneur*, il est à regretter que *Son Excellence* se soit tant pressée pour disposer de la main de sa fille.

— Que voulez-vous dire par là, Loyset? lui fut-il répondu avec une superbe vanité bien appropriée au *Monseigneur* et à l'*Excellence* de contrebande dont il flattait mal-à-propos son patron... et ce patron, loin de s'en fâcher, lui dit :

— Mais si les choses n'étaient poussées au point où elles sont, maintenant que Monseigneur vogue à pleines voiles vers le conseil, je me serais fait fort d'allier la maison Dutilloy avec une maison souveraine d'Allemagne.

— Tu rêves, bon ami.

—Non, non, je suis très éveillé. Eh quoi ! Votre Excellence est-elle tant préoccupée qu'elle n'ait pas vu, depuis plusieurs jours, le développement de la passion inspirée par les charmes de Mademoiselle Tècle dans le cœur de S. A. S. le prince règnant Christian de Morgteinstein.

— Ma femme a, comme toi, cette lubie en tête. Ce jeune homme est galant, empressé comme tous ceux de son âge, mais de là à mariage il y a loin.

— Et s'il n'y avait pas si loin qu'on ne pense, si le prince lui-même, m'investissant de ses pleins-pouvoirs, m'avait chargé de traiter avec vous, de vous adresser la demande formelle de la main de Mademoiselle Tècle à laquelle il offre sa couronne et sa foi.

A mesure que le caissier parlait, une joie nouvelle et non moins vive rayonnait sur le front radieux de Dutilloy. Son orgueil était agréablement chatouillé par la

pensée que sa fille jouerait à volonté un
rôle en Europe ; mais à peine cette illu-
sion eût-elle brillé, que le banquier se
rappelant ses engagemens envers Arsène, le mariage presque fixé dans son
jour heureux, et plus encore l'amour visible et réciproque des deux jeunes gens,
il baissa la tête, soupira profondément et
répondit :

— Il est trop tard.

— Quoi ! monseigneur, il serait trop
tard pour agrandir à ce point votre importance personnelle ? D'ailleurs, songez
au mariage que cet hymen ferait faire à
votre fils.

— Je te le répète, cela ne se peut pas.
Français et libéral, je suis en outre au-
dessus de ces faiblesses humaines ; les
hommes sont tous égaux devant la nature, et je préfère, pour ma fille, un avocat qui lui est cher, qu'un prince qu'elle
n'aimerait pas... Mais comment le prince
est-il venu à toi ?

— Comme font les amoureux. Il a du

tact; il a reconnu dans vos bontés pour moi une preuve de la confiance de monseigneur, et alors il a rompu la glace. Ce matin même encore il gémissait chez moi.

— Quel crève-cœur un tel hymen serait pour nos maisons de banque? Mes confrères en mourraient de dépit.

— Et les banquières donc quand on cornerait à leurs oreilles. Mademoiselle Dutilloy est aujourd'hui altesse sérénissime; son frère va épouser une princesse, et leur père, à cause de ces deux augustes hymens, vient d'être nommé ministre des finances.

— Tais-toi, tentateur, dit le banquier en riant; je suis libéral, et ces grandeurs ne doivent pas troubler ma tête.

Un valet entra, demandant si *monseigneur* voulait recevoir monsieur Arsène Rumbel.

— Ah! Loyset, dit Dutilloy, voici ton adversaire qui arrive; lui déjà avocat-général! et qui, certes, n'en restera pas là. Tâche de guérir l'amour du prince, ou, pour mieux dire, assure-lui que tu n'as pu m'en parler : l'incertitude est plus convenable que si tu portais mon refus à un si haut seigneur... Qu'on fasse entrer monsieur l'avocat-général.

Loyset sortit par une porte, et Arsène entra par l'autre ; tandis qu'il saluait, le banquier lui dit d'un ton important :

— Ah ! monsieur, pardonnez-moi si je vous ai fait attendre ; mais les hommes publics ne s'appartiennent pas. Vous ignorez sans doute que, malgré mes refus multipliés, Sa Majesté, de son exprès commandement, m'a ordonné d'accepter, sous peine de félonie, la place honorable, et surtout indépendante, de directeur-général du commerce et des manufactures.

— La nouvelle, monsieur, répondit Arsène, nous en était venue ; le ministre, en prévenant mon père que le collège de... en avance sur celui de Paris, l'avait nommé député, a voulu lui rendre le choix plus précieux, en lui confiant celui qui vous met en position de déployer vos talens et de servir votre pays.

—Ah! oui, monsieur, je la servirai cette chère patrie; je la confondrai avec ma maison de banque, avec ma propre fortune, les administrant ensemble l'une à l'avantage de l'autre. Oui, je mériterai le titre incontestable de grand citoyen.

—Nul, sans doute, ne le méritera mieux que vous; et si je me réjouis de la justice rendue à votre mérite, ne vous offensez pas de la défiance que j'ai du mien.

—Comment cela? que se passe-t-il? Je ne vous comprends pas.

—Je vais m'expliquer; mon père, je peux en convenir avec vous désirait ardemment son entrée dans la Chambre des députés; son vœu est exaucé. Vous, monsieur, malgré votre résistance, êtes contraint d'accepter une direction générale; tout va pour le mieux; mais, qu'à mon tour, je puisse être libre, non d'en-

trer dans l'action du gouvernement, mais
de m'en retirer.

— Vous en retirer... Monsieur l'avocat-général, rendez-vous plus intelli-
gible.

— C'est ce que je viens faire ; j'ai dé-
claré à mon père qu'après avoir mûre-
ment réfléchi à l'état des choses, je me
suis déterminé à ne pas accepter les fonctions magistrales que le garde-des-sceaux
vient de m'accorder.

— Et c'est à l'instant où, certain de
s'être entendu avec vous, un si honnête
seigneur s'exécute sans que l'on ait rien
fait pour lui, lorsqu'il nous comble tous
des marques d'une faveur par d'autres
tant sollicitée sans succès ; que vous vien-
drez, au mépris de la loyauté, de la bonne
foi, de la religion, du serment, vous, parjure, placer votre père et moi, dans
une position très difficile, et cela pour
je ne sais quelle fantaisie de curatelle
sentimentale, que vous êtes libre d'abju-

rer, prenez-y garde, Arsène, cela ne se passera pas ainsi.

— J'avoue, répartit le jeune homme avec peut-être trop d'ironie, que je ne m'attendais pas à être accusé d'avoir manqué à tous les statuts de la chevalerie; suis-je, donc un félon, par la raison seule que je protège deux nains contre un géant. Ah! monsieur, rendez plus de justice à ma démarche, et croyez qu'elle a dû me coûter beaucoup.

— Eh! à nous, ne coutera-t-elle pas davantage? ne nous placez-vous pas malicieusement dans un infernal embarras? On ne nous a donné qu'afin d'obtenir de vous le réciproque. Et si vous complétez votre équipée, ne nous demandera-t-on pas notre double démission, à moi que votre folie atterre, à l'ami Rumbel qui en mourra de chagrin.

— Ce que vous me représentez n'est pas sorti depuis hier de ma pensée; c'est ce qui me torture uniquement; mais soyez généreux, jouissez de la belle fortune acquise par vos travaux ; par un refus, maintenez-vous dans une honorable indépendance, à laquelle vous devrez bien plus le titre flatteur de *grand citoyen*.

— Grand merci, je resterais dans la foule parce qu'un ahuri refuse de mettre le pied à l'étrier ; et l'imiter dans son extravagance me vaudrait dites-vous bien mieux la qualification de grand citoyen. Apprenez, jeune homme, que tout homme-riche à millions, soit qu'il spécule avec les fonds d'autrui ou avec les siens propres, est par le seul fait de sa fortune un archi-grand citoyen. Cette qualité indélébile ne se perd, ni par la fréquentation des cours, ni en fournissant sous main aux rois absolus les moyens de réduire les libéraux insurgés ; ni en se payant soi-même, quand on est ministre, de six millions que nous doit l'état, supposé que la dette soit valable : qu'enfin pour être grand citoyen il est indispensable non d'être guerrier ou magistrat, intègre ou orateur sublime, mais banquier et tout au moins industriel... Mais revenons à notre thême, votre père sait-il votre projet.

— Oui monsieur.

— Il l'approuve dans ce cas...

— Ma franchise m'oblige à vous avouer que loin de condescendre à mes desirs, sa colère a été poussé au point de m'interdire sa présence et sa maison.

— A la bonne heure voilà un excellent père, tendrement attaché aux intérêts de son fils... vous voilà sur le pavé... que ceci vous serve de leçon.

— Lorsque comme moi on possède trente mille francs de rente du bien de sa mère on ne demeure pas sur le pavé, je puis par mon travail doubler le revenu et en y joignant la fortune de ma femme...

— Oh! les temps sont durs, Arsène, je fais chaque jour des pertes énormes..... Comprenez tout cela, soyez un *bon enfant*, et si votre père se remarie, s'il prend une femme jeune, si elle lui donne des en-

fans... envisagez l'avenir, et ne vous aban-
donnez pas à un héroïsme qui vous conduira droit à l'hôpital... Mais à propos,
car il faut que je vous gronde sur tous vos
actes de cette journée, quelle accointance
avez-vous avec cet homme à trois visages
que tantôt vous avez suivi? Est-ce réellement un de vos cliens? Et serait-ce
possible que vous eussiez accepté de le
soutenir en m'attaquant.

Arsène, amené à son tour sur le champ
de bataille, où il craignait le plus de ne
pas remporter la victoire, se mit à se défendre chaleureusement; il raconta les
choses selon qu'elles s'étaient passées,
comme cet inconnu avait débuté par in-
téresser sa sensibilité, par lui surprendre
un engagement formel de plaider en son
nom, avant de lui avoir nommé la partie
adverse.

— Et quand vous l'ayez connue,
avez-vous enfin repoussé cette clientelle
odieuse? demanda le banquier, non sans
inquiétude.

— Non, monsieur, et les motifs les plus saints m'ont déterminé à la retenir. Quoi ! j'apprends que le père de ma femme future, de mon ami, l'ami de mon père et le mien encore, va être traîné devant les tribunaux pour s'y entendre adresser la demande la plus honteuse, celle dont la publicité le flétrira sans retour ! Et vous auriez voulu que, la repoussant avec froideur, je laisse un tiers malin, espiègle, méchant, votre ennemi peut-être, s'emparer de ce scandale, et le faire tomber goutte à goutte sur votre front ! Je ne me suis pas senti ce courage, et je me suis courbé devant ce devoir rigoureux.

— Et vous savez donc tout ? demanda le banquier d'une voix étouffée par la rage et le désespoir.

— Oui, tout, monsieur, votre naissance, l'abandon de votre frère, et la réparation qu'on en exige de vous, trois mille francs de pension, et pas davantage : quinze cents pour monsieur votre père, quinze cents pour madame.....

— Assez! assez! s'écria Dutilloy en se levant avec impétuosité. Monsieur Arsène Rumbel, touchez là..... Vous n'aurez jamais ma fille.

— Vous me ravirez Tecle! vous, après me l'avoir donnée, après vos sermens! Oh! non, monsieur! vous cédez à un injuste mouvement de colère.....

— Je vous l'ai dit, jamais, au grand jamais, vous ne serez mon gendre..... Et sur ce, veuillez vous retirer, ou plutôt je vous cède la place, ne me sentant pas capable de vous ouïr sans tirer de vous un terrible châtiment.

Le banquier achevait à peine cette phrase, que, s'élançant par une porte secrète, il sortit du cabinet, et traversant un corridor obscur et sinueux, il entra dans l'appartement de sa femme, qu'il trouva occupée à consoler le prince Christian, auquel Loyset venait faire part du refus formel de son père.

# XXIII

## Le Succès à l'Intrigant.

Qui veut bien faire marche isolé,
qui cherche à faire mal, se groupe et
se pelotonne.
— *Recueil de Maximes.* —

L'intrigant Edmond Miltard jouait en
double partie contre la fortune du banquier. Il prétendait lui enlever de vive
force ce qu'il possédait de comptant, et,
ua moyen de la dot de la belle Tècle, le

dépouiller légalement de ce qu'il aban-
donnerait au mari de cette fille chérie.
Edmond ne se déguisait pas ce que sa
position avait de périlleux et surtout de
précaire. En évitant la cour et le grand
monde, il parait bien au péril des recon-
naissances intempestives ; il s'éloignait
des cercles où, les étrangers abondant, il
y en trouverait qui auraient connu son
malheureux maître ; mais pourrait-il toujours agir ainsi ? Les ambassadeurs n'en-
tendraient-ils pas eux-mêmes prononcer
son nom ? leur haute politesse, par des
visites, des invitations intempestives, ne
le placeraient-elles pas dans une situation
fâcheuse ?

Il fallait donc, dans cette occurrence,
pousser les intrigues et les terminer avant
qu'elles fussent rompues de vive force.
La rencontre de Loyset, qui d'abord avait
contrarié le fourbe, lui était devenue pré-
cieuse. Le don habile de la tabatière, une
visite faite le lendemain presque à heure
indue, tant le jour était peu avancé, et qui

n'en témoignait que mieux de l'empressement, et une forte somme promise à ce
loup cervier subalterne, en avait fait le
nouvel agent d'Edmond.

Or, la conversation dernière entre le
banquier et son homme de caisse, avait
été le résultat de cet engagement réciproque et matinal. Loyset, quoique battu
à la première escarmouche, ainsi qu'il s'y
attendait, avait continué sa trame, et revenant au prince qui attendait dans le cabinet même du caissier où, loin de demeurer immobile, il avait employé prestement
les minutes à prendre l'empreinte des serrures diverses, soit du coffre-fort, soit des
armoires, Loyset, dis-je, revenant en hâte,
lui raconta ce que le patron lui avait dit,
et, de son côté, le pressa de courir au plus
vite formuler une demande pareille auprès de madame Dutilloy.

Edmond avait suivi ce conseil, et, avec
l'astuce d'un homme accoutumé à jouer
tous les rôles, il se présenta devant la
banquière et, dans un discours empreint

de passion et de galanterie, il lui demanda l'honneur de faire porter son nom à la jeune et belle Tècle. Le premier mouvement de la femmé orgueilleuse fut tout à la vanité heureuse de ce qui lui était dit, envisageant d'un regard satisfait l'illustration de sa famille, elle rêva un instant que sa fille épousait un souverain.

Mais cette erreur dura peu ; le souvenir du mariage conclu de la dernière conversation avec son mari, attristèrent madame Dutilloy, qui se rappela en même temps la tendresse de sa fille pour Arsène Rumbel. Alors prenant cette expression de circonstance, elle témoigna au prince toute la douleur qu'elle éprouvait, non de le refuser, lui n'étant pas de ces hommes qu'on repousse, mais de ce qu'une parole donnée antérieurement ne permettait pas de lui accorder ce qu'on aurait eu tant de bonheur à lui offrir.

Edmond savait bien les engagemens antérieurs, le nœud formé entre les maisons du banquier et de l'avocat ; mais il

voulut paraître les ignorer ; il écouta,
avec l'attitude de la douleur et de la mélancolie, le récit ampoulé qui lui fut fait.
Les personnes sans cœur suppléent à de
la sensibilité par de l'emphase. Tenez
toujours pour âme froide, sèche et ra-
cornie, celle qui racontera longuement
et avec recherche ce que l'émotion réelle
dit vite et avec simplicité.

Le faux prince, de son côté, exprima
du mieux qu'il put sa douleur excessive ;
il aurait voulu acheter la main de mademoiselle Dutilloy du prix de son sang,
et même de sa vie ; il aurait voulu ne pas
la connaître ; et, dorénavant, il ne se verrait d'autre ressource que la fuite et une
absence sans fin.

Cette double scène était ainsi jouée,
quand une porte intérieure, venant à être
ouverte précipitamment, livra passage au
banquier. Son entrée fut si rapide, que
sa femme en éprouva une vive émotion,
et que le prince se le figura accompagné
du gendarme fatal ; lui, trop agité par sa

colère, arriva presque auprès de la cheminée avant d'avoir fait attention à celui
qui était là, et ayant dépassé le prince
sans le voir, ou peut-être dans sa précipitation le prenant pour le commandeur
de Vorène, et, sans s'embarrasser de
lui, il se mit à dire à sa femme :

—Oh! pour le coup, ma chère, Arsène
est un fou furieux, un républicain féroce qui compromettra ma fortune politique ; c'est d'ailleurs un ingrat, un
méchant ; je suis bien déterminé à ne
lui pas donner ma fille. Non, par la morbleu, il ne l'aura pas.

—Que le ciel vous entende, monsieur!
et que dans mon intérêt, il ratifie le serment que vous venez de prononcer, repartit impétueusement Edmond, prompt
à saisir cet avantage.

Le banquier, à son tour, surpris et satisfait, s'excusa sur son inadvertence de
ne pas avoir rendu à son altesse les respects qui lui étaient dus.

—Eh! monsieur, reprit Edmond, laissez là les respects, et ayez pour moi un peu de tendresse de père.

— Mais, qu'est-il donc arrivé? que vous a fait Arsène? demanda madame Dutilloy; naguère encore vous ne juriez que par lui, et maintenant vous vous montrez, à son égard, dans une opinion que vous auriez dû avoir plus tôt.

— Il s'obstine, répondit le banquier, à ne pas accepter la charge honorable qu'on lui offre; que dis-je? dont il est investi. Il sait à quel prix on m'a nommé directeur-général; son père vient d'être élu député à..... aux mêmes conditions; et lorsque son excellence s'est exécutée avec tant de loyauté, c'est lui qui fait assaut de perfidie.

— En effet, mon ami, je trouve que, puisqu'il se conduit ainsi, vous devez lui en vouloir, et pourvu que notre fille... car j'ai la douleur même de vous avouer que, soumise aux volontés de ses parens, mademoiselle Dutilloy acceptait cet hymen par pure obéissance, et semblait y avoir attaché le bonheur de ses jours.

— Ma fille, toujours soumise, ne se ré-
voltera pas ; d'ailleurs, elle n'aura que
trop de sujet pour détester Arsène.

— Auriez-vous découvert en lui quelque vice? demanda la femme de finance.
A-t-il une intrigue galante ?

— C'est pis, cent fois pis ; un misérable,
un insensé me menace d'un procès scandaleux, et c'est Arsène qui, librement,
embrasse sa défense.

— Ah ! monsieur, dit à son tour Edmond, bien que la générosité doive me
commander le silence sur le compte de
mon rival, son procédé est si peu noble, si
peu digne, qu'il m'est permis de le flétrir
de mon dédain.

— Vous m'étonnez, reprit madame Dutilloy ; Arsène ! furieux à ce point ! Que
lui avons-nous fait?...Ah ! monsieur ! et
vous pourriez en faire votre gendre ? Ah !
si ce cas arrivait, je vous renierais pour
mon mari.

Edmond, énivré de joie en comprenant quelle chance favorable la fortune lui présentait, ne crut pas devoir agir avec cette délicatesse qu'un véritable homme de qualité aurait eu à sa place ; et saisissant, en fourbe habile, l'occasion aux cheveux.

— Monsieur Dutilloy, dit-il, me permettra qu'en le félicitant à propos de la charge importante dont le roi récompense son mérite et sa vertu, je lui recommande mes intérêts. Tout à l'heure, madame a été le témoin de ma douleur, de mon vif chagrin, quand elle m'a enlevé tout espoir ; mais aussi j'espère qu'elle rendra un témoignage éclatant au respect avec lequel je me soumettais à votre volonté suprême. Mais puisque de vous-même, et revenu sur le compte d'un jeune présomptueux, vous ne voulez plus en faire votre gendre, permettez-moi non de prétendre immédiatement à sa place, mais de me flatter qu'un jour vous me tiendrez moins de rigueur.

— Vous l'entendez, Excellence, se mit à

dire madame Dutilloy, fière de donner ce titre à son mari; vous admirez sans doute, comme moi, la modestie de S. A. S.; et vous, prince, sachez que vos poursuites sont trop honorables pour qu'on les repousse, alors que les circonstances permettent de les accepter. N'est-ce pas, monseigneur, que le prince Christian vous semble digne d'effacer, auprès de notre fille, le souvenir de cet impertinent avocat?

— Assurément, ma chère reine, je suis trop fier des demandes de son altesse sérénissime. D'ailleurs, et vu ma position nouvelle, le roi et sa famille auguste signeront le contrat. Serait-il convenable, à cause de LL. MM. et de LL. AA. RR., de préférer un obscur avocat à un prince souverain du saint empire.

— Vous me permettez donc l'espoir, demanda Edmond en affectant une émotion vive.

— Je fais plus, altesse sérénissime; et si vous le voulez, je vous accorde solen-

nellement, et sans retour, la main de
ma fille.

— Vous me comblez, monsieur le directeur-général, s'écria le faux prince et
souffrez que cet embrassement consacre
une union si belle, et ma seconde, ma
charmante mère, ne me permettra-t-elle
pas de lui donner un baiser aussi.

La banquière enchantée tendit la joue
et les bras, Edmond peignit par ses trans-
ports l'ivresse de son âme, il parut si pas-
sionné que le mari et la femme pour ne
pas être en reste avec lui, redoublèrent
leurs protestations, alors Edmond commençant une autre scène, se mit à craindre que Tècle ne repoussât ses vœux, il
l'avait vue presque éprise de son premier
futur, du moins l'écoutait-elle avec une
attention dont lui était jaloux et qui,
maintenant, lui faisait craindre un refus
qui briserait son cœur.

Madame Dutilloy, trop fière, trop charmée de l'hymen qui se présentait pour sa
fille, s'attacha avec persistance à chasser

de l'esprit de son illustre gendre l'inquiétude jalouse qui s'y plaçait déjà, ce n'est
pas qu'elle-même, au fond de son âme, fut
aussi certaine de l'obéissance de la belle
Tècle, qu'elle l'affirmait, trop de preuves
lui avaient été données de l'amour mutuel
d'Arsène et de sa fille, pour prétendre que
celle-ci abandonnât facilement celui-là;
non sans doute, la rupture ne serait point
facile; mais enfin la volonté du père, le
manège tendre de la mère, la haute illustration du nouvel amant, ses gracieuses
manières personnelles, sa munificence,
tout peut-être l'emporterait sur un jeune
homme obscur et isolé.

— Sachez, ajouta le banquier, que mon
ami Rumbel, fidèle à ses engagemens avec
le ministère, a mis à la porte son fils, pour
prix de sa folle et coupable conduite;
aussi, certes, je me flatte qu'il ne m'en
voudra point, si je suis sa conduite pas à
pas.

Avant de se séparer, ces trois personnes
qui, en apparence, s'entendaient si bien,

se concertèrent sur la conduite à tenir et la marche à suivre, il fut convenu que l'hôtel serait irrévocablement fermé à Arsène, que *monseigneur le directeur général* prendrait le soin de prévenir M. Rumbel, d'une rupture que les procédés étranges du jeune homme rendait indispensable, puis, qu'on procurerait toute facilité au prince d'entretenir intimement sa future, et que pour instruire Tècle du nouveau projet de mariage, on attendrait quelques jours afin de ne pas mettre sa modestie à une trop rude épreuve.

# XXIV

## Nouvel Incident.

Le premier châtiment du vice ou du
crime, c'est qu'ils n'ont jamais ni un
jour ni une heure de franc repos.
—*Recueil de Maximes.*—

Comme le prince Christian rentrait à
son hôtel, on le prévint qu'un monsieur
de chétive apparence était venu le demander, et que voulant absolument lui
parler et le sachant absent, il avait pris

le parti de l'attendre : tout tourmentait
l'intrigant; qui donc pouvait-ce être? il
passa rapidement dans son salon, et ne
fut pas rassuré par la présence d'un homme qui lui était inconnu : ne sachant ce
qui l'amenait là, redoutant de l'interroger
et trouvant dans tous les cas plus de profit à le laisser parler, lui le saluant en silence se contenta de lui demander ce qu'il
souhaitait.

L'inconnu à qui nul encore n'avait appris en présence de qui il se trouvait, et
s'imaginant parler à un chambellan du
noble étranger, se hâta de lui répondre
qu'il était sir Belton, officier-général au
service de sa majesté britannique grand'
croix de l'ordre de Saint-Ferdinand et
chevalier de l'ordre du Bain; qu'arrivé
à Paris depuis plusieurs jours, il s'était
empressé de venir rendre ses hommages au prince Christian de Morgteinstein qu'ajouta-t-il, il avait beaucoup
connu dans l'Inde, à Calcutta et à Bé-
narez.

Assurément si Edmond eut eu la préférence du choix en ce moment, entre
l'apparition du diable ou la présence du
seigneur anglais, il eut préféré contem-
pler le premier face à face ; mais la nécessité imposant celui-ci, il fallait l'endu-
rer et lui faire la meilleure mine possible,
encore Edmond avait-il à rendre grâce
au ciel des paroles prolongées de l'inconnu, sans elles, il allait faire une école
fatale ou tomber dans un piège qu'il n'eut
pu détourner facilement, au lieu qu'à
cette heure, instruit de la contrée d'où
venait le malencontreux personnage, il
lui devenait moins difficile d'arranger ar-
tistement et à sa fantaisie, la réponse
qu'il ne fit pas aussi tard qu'il le paraît
dans ce récit, où l'on est forcé de dépeindre des sentimens qui sont cachés où qui
agissent dans le fond de l'âme. Renforcé
donc à raison du trait de lumière qui
avait brillé dans la nuit épaisse où il cheminait, il se mit à dire avec émotion.

— Vous me rappelez, monsieur, une

époque bien funeste, celle qui précéda de
peu la mort du prince Christian V de
Morgteinstein, décédé presque tout de
suite après son retour des Grandes-Indes...
C'était mon frère aîné et j'aurai la douleur
de le pleurer toujours.

— Quoi! n'est-ce pas le prince de Morgteinstein, mon ami, que je vois; la tombe
l'aurait déjà dévoré. Ah! monsieur, pardonnez, je vous prie, la vive émotion que
je ressens à mon tour.... Des services mu-
tuels que nous eûmes le bonheur de nous
rendre réciproquement, nous mirent sur
le pied de l'intimité la plus complète...
Oui, je l'avoue, je ne puis me faire à l'idée
de son trépas.

— Je ne peux vous blâmer, monsieur
le général, répondit Edmond, qui était
sur les épines, il m'est doux de voir un
ami de mon frère et combien j'aurais tenu à vous rendre dans mon cœur la place
que vous occupiez dans le sien, si des
affaires importantes ne me contraignaient
à quitter Paris, presque instantanément,

et vous savez, sir, combien les dernières heures d'un établissement temporaire demandent de soins et de tracas.

— Mon cher, Christian a dû vous parler souvent de moi, dit l'Anglais Belton en prenant familièrement un siège lorsque le discours du faux prince le conviait à s'éloigner, et cela sans y mettre beaucoup de façon ; oh ! oui, poursuivit-il, il vous aura nommé le baronnet Belton.

— Oui, oui, monsieur... mais je l'ai peu vu avant son décès, frappé du choléra, sa fin fut prompte ; à peine si nous avons causé ensemble une ou deux fois.

— Du moins, son testament a été moins réservé que sa bouche, et vous savez quel rôle il m'y impose et quel devoir il me laisse à remplir.

— Son testament ? répéta involontairement le faux Morgteinsten, qui passait en si peu d'instans d'une situation heureuse, celle de l'hôtel des Dutilloy, à une si cruelle, si affreuse et dont l'issue ne se montrait pas à ses yeux.

— En héritant de cet excellent prince vous avez, sans doute, rempli les formalités voulues par la loi, et si celle d'Allemagne vous donne des droits qui me sont inconnus, du moins, vous avez eu égard à ceux de mon pupille et vous savez qu'il en a de grands.

— Je sais, monsieur, répliqua le fourbe en donnant à ses phrases une expression de mélancolie; je sais, qu'inconsolable du trépas d'un aussi excellent frère, je me suis sauvé à Paris, dès qu'il a eu fermé les yeux, et que depuis, tout à ma douleur, j'ai défendu à mes hommes de loi, de me parler de rien touchant cette succession fatale, et jusques à présent, leur délicatesse a respecté un chagrin qui n'est pas sacré pour tout le monde.

— Je souffre autant que vous, prince, croyez-le bien, mais, comme vous j'arrive en France; mon ami a dû revenir en Europe, par la Perse et Constantinople; moi, m'aventurant sur l'Océan Antarctique, j'ai touché aux îles de France et de

Bourbon, à la Nouvelle-Hollande, au cap
d'Espérance; j'ai visité la terre sacrée ou
repose le tombeau de Napoléon, j'ai touché à Madère, à Gibraltar, à Barcelone,
et suis revenu débarquer à Marseille; de
là, soit pour mon ami, votre frère, soit
pour moi-même, j'ai pris la route du
Haut-Languedoc, j'ai exploré la Montagne-
Noire, le hameau de Vaudreuil, les villes
de Castelnaudary, Revel, Saint-Félix, Toulouse; enfin, j'ai suivi à la piste le jeune
homme et suis venu le rejoindre à Paris;
cette course aventureuse a duré trois ans,
et moi qui ne comprenais rien au silence
extraordinaire de votre vertueux frère et
souverain, je me plaignais du silence
d'un mort. Ah! combien nous sommes
injustes dans nos conjectures! où donc
mon ami a-t-il décédé.

Edmond avait écouté avidement cette
conversation dans l'espoir d'y rencontrer
de nouvelles lumières, qui l'éclairassent
dans ce péril imminent; mais, non, rien ne
s'y laissait voir en dehors de l'obscurité

funeste dont il fallait se méfier ; quel était
ce jeune homme dont l'existence venait
d'être indiquée et ce testament précisé ;
Edmond se perdait dans ce dédale inex-
tricable, lorsque la dernière question venant à le frapper si inopinément, elle lui
enleva toute sa présence d'esprit, et
croyant que pour éteindre tout soupçon
il fallait ne pas hésiter dans la réponse ;
il nomma la première ville dont le nom
passa dans sa mémoire et ce fut Vienne
en Autriche, il ne pouvait plus mal choisir.

— Quoi ! c'est à Vienne, en ce cas Dieu
l'a voulu, puisque l'un des originaux de
son testament olographe y était déposé
entre les mains du grand chancelier, et
quoique vos agens, autrefois les siens,
aient voulu vous complaire dans un silence
profond, ils ne vous ont pas laissé ignorer
que votre neveu héritait, sinon de ses
états médiatisés, du moins de tous les
biens libres de votre père.

— Mon neveu... Oh !

La terreur qui frappa Edmond aux dernières paroles de l'Anglais, imprima à sa physionomie tant d'épouvante, et timbra sa voix d'un son si féroce qu'il en retira l'avantage de tromper l'interlocuteur et de lui faire prendre le change : sir Belton, porté par sa propre histoire à mal juger du cœur humain, s'imagina que le nouveau prince haïssait tant l'héritier de son frère, qu'il ne pouvait en entendre parler tranquillement, tandis que l'expression et le cri devaient uniquement leur naissance à la peur d'avoir à répondre à un fils de l'existence de son père, aussi l'étranger tout à cette idée répondit :

— Eh! quoi, V. A. S. rend-elle coupable un enfant de ses droits légitimes? Seriez-vous disposé à les combattre? Les contesteriez-vous?

Ici Edmond, toujours à épier ce qui lui serait utile, crut trouver le moyen de reculer l'explication; aussi le saisissant avec empressement :

— Sir, dit-il, j'avoue que je suis aujourd'hui peu disposé à poursuivre notre conversation et à reprendre des souvenirs qui me déchirent; accordez-moi, je vous en supplie, vingt-quatre heures; indiquez-moi où je vous rencontrerai, et moi-même j'irai m'entendre avec vous, et accommoder les choses de manière à éviter, s'il se peut, un procès hostile et dangereux aux deux parties : cela vous convient-il? Dans ce cas, veuillez me donner votre adresse.

—Soit, prince; à après demain au soir, à sept heures, sans faute. Je serais revenu chez vous bien volontiers; mais, s'il vous plaît mieux que l'entrevue ait lieu chez moi, je ne m'y oppose pas non plus; je loge rue de Rivoli, n. 136. Le délai ne me déplaît pas, peut-être d'ici-là aurai-je réussi, et je vous présenterai, dans ce cas, votre neveu et mon parent.

A ces derniers mots, le général anglais se leva et prit congé du prince; il s'en alla d'ailleurs peu satisfait de sa visite;

elle ne lui avait que blessé le cœur. La
mort de son ami lui donnait des regrets
inexprimables, et toutefois lui imposait
de nouveaux devoirs. Edmond, contraint
involontairement à une civilité peu commune, accompagna son adversaire jusque
sur la rampe de l'escalier que montait
en ce moment le caissier Loyset, arri-
vant pour le voir.

Ce nouveau-venu, examinant par curiosité qui le prince prétendu recondui-
sait avec cérémonie, reconnut, à sa surprise extrême, la personne qui, tout nouvellement, avait réclamé si mal à propos,
à son patron, les onze millions. Cet acte
légitime lui avait valu la haine de l'employé qui, resté seul avec Edmond, com-
mença, avant que de lui faire connaître
le motif de sa visite, par lui demander
familièrement si il était en accointance
avec le méchant vieillard.

— Et vous-même, répartit Edmond,
vous serait-il connu?

— Ah! oui, certes, et de mon respectable patron aussi.

— Quoi! de monsieur Dutilloy! Et s'il
vous plaît, à quel titre?

— C'est, répliqua Loyset, un homme
très dangereux, à trois noms, à trois visages; sous l'un, il porte un nom su uniquement par mon maître, et qu'il ne re-
dit pas souvent, car je ne l'ai jamais entendu avec le second, celui de Julien
Saurage. Il est l'agent d'un personnage
richissime; il manie l'or à pleins bois-
seaux; il doit avoir chez lui des sommes
énormes, car, dans notre seule maison
de banque, nous tenons à sa disposition
presque onze millions : le joli morceau!
Sous le dernier enfin, homme de qualité,
militaire de haut grade; il est baronnet anglais, lieutenant-général au service du roi Guillaume IV, chevalier du
Bain, et grand-croix de Saint-Ferdinand, etc. Il les prend, il les quitte, en
trafique, en besogne s'en sert, et c'est à
lui que vous devez la rupture des Du-

tilloy avec votre rival, et ceci en raison
de la colère peu commune dans laquelle
il a fait mettre mon patron contre Arsène
Rumbel.

Edmond se félicitait de ce qui lui était
dit, mais il formait d'autres desseins
d'une plus haute portée ; il avait ignoré
les aventures de son maître, le véritable
prince de Morgteinsten ; et comme, après
sa mort, il avait continué à le faire vivre,
la fourberie n'ayant pas été dévoilée, nul
à Vienne, pas plus qu'ailleurs, ne s'était
ingéré à ouvrir son testament pour en
exécuter les dispositions ; et comme cet
acte n'avait pas été non plus trouvé par
Edmond dans les papiers de son maître,
il en ignorait toutes les dispositions. Mais
lui, qu'avait-il à faire ? fuir Paris, mais
le fuir au moment où le banquier se présentait en riche proie. Comment y renoncer ?... Et sa sûreté ? si cet Anglais faisait du bruit... Edmond se promit de tenir un conseil secret avec lui-même, conseil où tout seul il déciderait de la vie ou

de la mort d'un homme, et qu'il ouvrirait immédiatement après le départ de Loyset. En attendant, et après avoir expliqué ses rapports avec sir Belton, par une rencontre en voyage, il demanda au caissier ce qui l'amenait à son tour chez lui.

— Deux causes, lui fut-il répondu, vous et moi, votre intérêt et le mien.

— Qu'est-ce à dire ?

— Quant à vous, le vent au logis souffle de votre côté, profitez-en, quant à moi qui aide à conduire au port votre barque, saurais-je positivement ce que vous donnerez au pilote.

— Douter de ma libéralité, répartit avec hauteur le prince.

— Je suis Pyrrhonien en diable, je doute de tout ce que je ne sais pas.

— Ah! confiez-vous à moi votre part n'en sera que meilleure.

— Point! vaut mieux peu certain que beaucoup en espérance.

— Ah! loup cervier, au petit modèle, fais donc toi-même ta part.

— Ce sera facile, mon patron donnera au moins six cent mille francs de rente à sa fille, par contrat; elle en trouvera autant après la mort de ses parens, ce qui forme un capital de vingt-quatre millions, or, en me contentant du droit de un pour cent; j'ai d'abord à réclamer deux cent quarante mille francs, joignez-y la commission, le courtage, les intérêts, les comptes de retour, les primes; le total monte, au plus bas, au chiffre rond de trois cent mille livres, attendu votre générosité et l'énormité de la dot; je ne demande, de votre reconnaissance, que cinq cent mille francs.

A ce chiffre élevé, à cette prétention exorbitante, Edmond poussa un cri, s'indigna, rompit, renoua; mais l'aspect des douze millions comptant de la dot, l'espoir d'y joindre la caisse du père, qu'il gardait pour soi et de plus l'opiniâtre inflexibilité du caissier qui lui faisait redouter des révélations à son patron ou bien à Arsène, le contraignirent à passer ce marché ; Edmond signa pour cinq cent mille francs de lettres de change, payables moitié la veille de la noce, et l'autre moitié deux semaines après, en revanche Loyset remit un écrit qui, en cas de trahison de sa part, le livrait à la colère du prince et à la justice des hommes.

Ce pacte de filous conclu, les deux amis se séparèrent, Loyset s'en retourna au logis et Edmond que ses intrigues faisaient quitter son bel hôtel garni, s'avisa cette même soirée d'aller rôder en embuscade dans la rue de Rivoli, autour de la demeure du général sir Belton, il y était depuis quelques minutes, lorsqu'il en vit sortir à sa surprise inimaginable, la jolie, la fringante Cécile, non pas cette fois sous les habits de son sexe, mais vêtue en garçon élégant et ayant, sous ce costume, l'air du polisson le plus arrogant, le plus leste et le plus déterminé.

Oh ! pour le coup la surprise d'Edmond fut extrême, ce même jour en allant voir madame Dutilloy, il avait en vain tâché

de voir la fringante grisette et, maintenant
elle s'offrait à lui, mais non pas en course
pour lui plaire, l'heure nocturne, le mystère, les vêtemens, la personne de chez
qui elle sortait sans doute, tout cela
éveillait, maintint à son haut degré la curiosité, cette fois presque légitime, d'Edmond qui voulait bien intriguer et qui se
méfiait des intrigans en diable.

A peine la porte de la rue était-elle refermée, que Cécile, ou pour mieux dire
Honoré, ayant examiné çà et là, partit
comme un trait, à la nouvelle surprise
d'Edmond qui, ne se souciant pas de
manquer cette occasion, le suivit en che-
minant d'une égale rapidité, sans néanmoins pouvoir l'atteindre, et sans mieux
s'en lasser; en vain il l'appelait; ou lui
n'entendait point, ou il faisait la sourde
oreille.

En marchant ainsi au pas accéléré, le
jockey et le faux prince traversèrent la
rue de Rivoli, de l'Échelle, Saint-Honoré,
petite du Rempart, Richelieu, le Palais-

Royal dans son étendue, le passage Radzivil, la rue Neuve des Bons-Enfans, celle des Petits-Champs, la place des Victoires, la rue des Fossés-Montmartre, et là, soudainement, au désappoint extrême du prince Edmond, Cécile Honoré disparut dans les issues du passage Vigan.

Edmond irrésolu et ne sachant que faire, se rappelant d'ailleurs du besoin qu'il aurait bientôt de ses camarades de débauche, acheva de franchir la distance qui le séparait de la rue Beaurepaire et il entra au logis de sa mère où il trouva d'abord, et avec plaisir, son cousin Robillet, mais avec moins de joie et, certes, beaucoup de dépit, et le vieillard Levraut et le caissier Loyset.

FIN DU TOME PREMIER.

# TABLE.

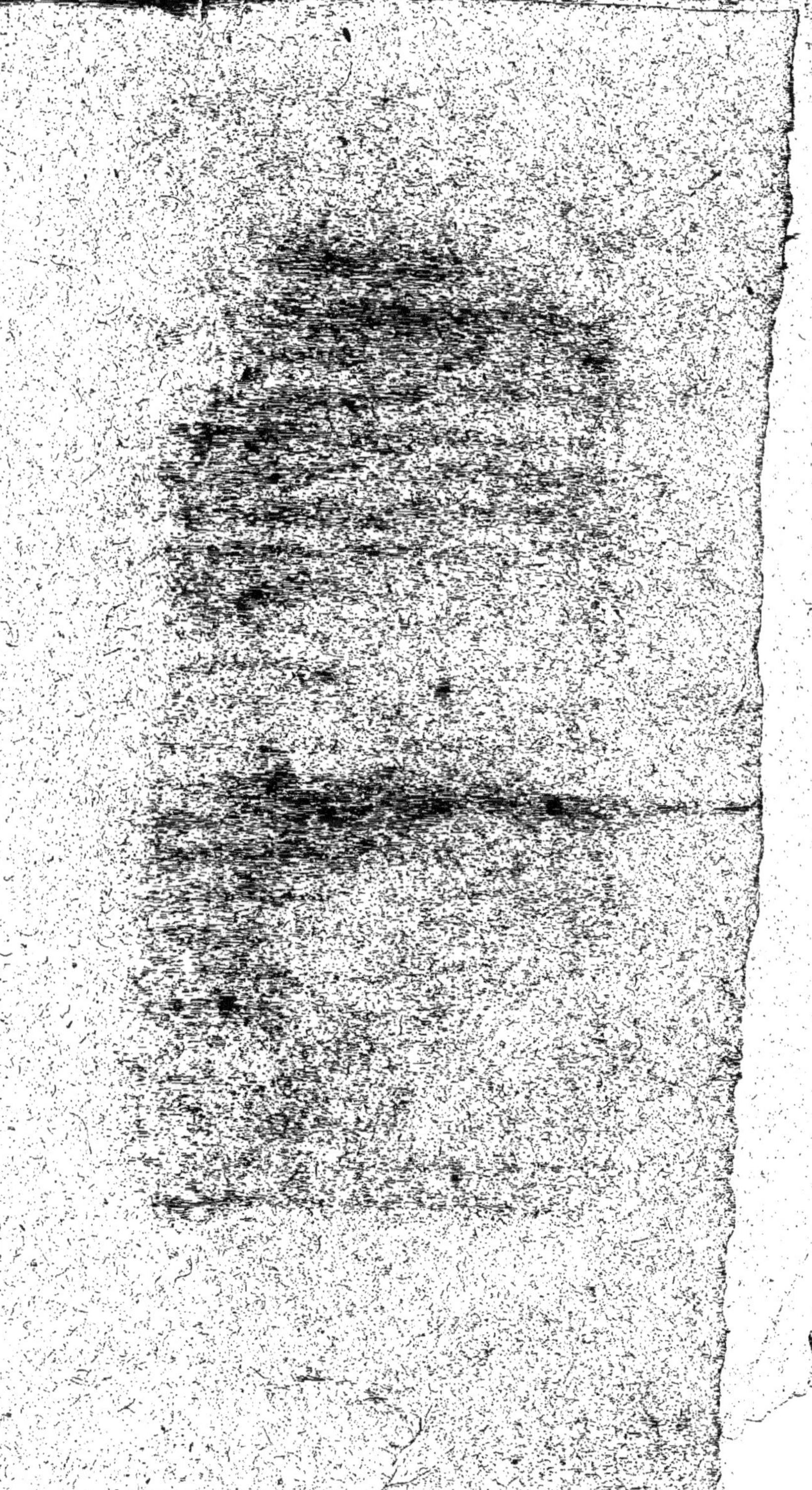

www.ingramcontent.com/pod-product-compliance
Lightning Source LLC
LaVergne TN
LVHW010841060726
842526LV00002B/348